Graminées du Cameroun, volume I
Phytogéographie et Pâturages

WAGENINGEN AGRICULTURAL UNIVERSITY PAPERS
92-1 (1992)

Graminées du Cameroun

volume I
Phytogéographie et Pâturages

A.P.M. van der Zon

Wageningen Agricultural University

Cip-data Koninklijke Bibliotheek, Den Haag

ISBN 90-6754-229-6
NUGI 835
ISSN 0169 345 X

Printed in the Netherlands by Veenman Drukkers B.V., Wageningen

CONTENU

1. INTRODUCTION

La famille des Graminées est après les Légumineuses, les Astéracées et les Orchidacées la quatrième famille pour le nombre d'espèces, mais ses éléments recouvrent plus de superficie que toutes les autres familles. La protection des sols et la régulation de la balance d'eau des régions arides et semi-arides dépendent une grande part des graminées.

Les graminées ont une grande importance dans la nutrition de l'homme et des animaux. Les espèces graminéennes importantes pour la nutrition de l'homme africain sont, en dehors du blé: *Sorghum bicolor* (grand mil ou sorgho), *Oryza sativa* et *O. glaberrima* (riz), *Pennisetum glaucum* (mil de chandelle), *Zea mays* (maïs) et *Saccharum officinarum* (canne à sucre); les éspèces moins fréquentes comme *Eleusine coracana*, *Digitaria exilis* et *D. iburua*.

Beaucoup d'espèces sont des herbes fourragères; plusieurs sont cultivées comme: *Eleusine coracana*, *Panicum maximum* (Guinea grass), *Pennisetum clandestinum* (Kikuyu grass), *Pennisetum purpureum* (elephant grass).

En dehors de la nutrition les graminées sont utilisées pour la fabrication des toitures, nattes, nasses, balais, paniers, chapeaux, etc.

Les chapitres donnent un aperçu de l'environnement camerounais, de la distribution des graminées au Cameroun et de la zonation du Cameroun d'après les graminées, de la physionomie et des pâturages camerounais.

2. ENVIRONNEMENT

2.1. Introduction

La distribution de la végétation est souvent liée au sol et au climat. Pour une bonne compréhension, un aperçu de l'environnement camerounais est donné. Letouzey, 1968, remarque que les espèces de la strate herbacée sont moins révélatrices que les ligneuses car le pâturage et les feux ont surtout uniformisé les espèces herbeuses.

Le Cameroun couvre une superficie de 47,5 millions d'ha; il est compris entre les latitudes 1°40′ N et 13°05′ N et les longitudes 8°30′ E et 16°10′ E. En 1988 sa population était estimée à 10,3 millions d'habitants. Le peuplement s'est particulièrement développé dans trois régions: de Douala à Bafoussam et Bamenda, autour de Yaoundé et autour de Maroua et monts Mandara.

2.2. Paysages des graminées

Il y a beaucoup de paysages différents au Cameroun, chacun avec des niches spécifiques pour les graminées.

Dans la forêt dense humide il exite une grande diversité des graminées dans les lisières et les parties ouvertes de la forêt. Il n'y a que quelques espèces ombrophiles sous couvert forestier dense.

Les savanes dérivées hébergent un nombre d' espèces rélativement petit, surtout des pérennes. Malheureusement les marécages du Mbam sont mal connus et il y a probablement plusieurs espèces caractéristiques.

Les hauts plateaux de l'Ouest ont en général une flore riche en graminées: plusieurs espèces sont typiques pour la région et en même temps connues de l'Afrique orientale. Aux sommets afro-alpins des montagnes on rencontre des espèces caractéristiques des régions tempérées et quelques endémiques parentées à l'Afrique orientale.

Sur les savanes du plateau de l'Adamaoua, qui sont toutes situées au dessus de 1000 m, on peut apercevoir un grand développement des graminées. Par endroit ces savanes sont sérieusement dégradées par l'élevage abondant ici à cause de l'absence relative des mouches tsétsé. Il y a un développement abondant des graminées sur les carapaces, à l'Est de Ngaoundéré, inondées en saison des pluies.

Les savanes soudaniennes au Sud de Garoua sont dominées par des grandes graminées pérennes cespiteuses. Il y a peu d'élevage à cause des mouches tsétsé. Une partie importante de ces formations est protégée par les parcs nationaux et les zones de chasse.

Les collines soudaniennes sont riches en graminées; leur végétation est reliée à celle du plateau de l'Adamaoua.

Entre Garoua et Maroua les savanes sont dégradées par l'élevage et la culture intensive de coton. On trouve un mélange des espèces pérennes et annuelles.

Les monts Mandara sont densément peuplés; localement la végétation y est encore dominée par des graminées pérennes.

L'extrême Nord est situé dans la zone sahélienne. Là il y a une prédominance des annuelles avec relativement peu d'espèces. La végétation est sérieusement touchée par l'élevage et la sécheresse.

Autour du lac Tchad et dans les zones d'inondation du Logone et Chari il y prédominance de grandes pérennes, très importantes pour l'élevage.

2.3. Topographie

La topographie du Cameroun est très variée (carte 1).

Le plateau méridional du Cameroun, couvert par la forêt dense humide forme la bordure septentrionale du bassin de Congo. Le plateau est ondulé et situé sur une altitude de 600-800 m. Il monte graduellement vers les hautes-terres de Bamenda-Adamaoua, atteignant plus de 1500 m d'altitude.

Plusieurs hautes montagnes (mont Cameroun, mont Manengouba, monts Bambouto et mont Oku) dépassent les 2000 m d'altitude. Le mont Cameroun, 4065 m et le mont Oku, 3008 m, sont les plus hauts sommets de l'Afrique occidentale.

Quelques grands cours d'eau orientés Est-Ouest incisent le plateau et vont de jetter dans l'Océan atlantique entre Douala et Kribi. La plaine littorale est relativement étroite.

Au Nord du plateau de l'Adamaoua, le paysage ondulant descend à 200-300 m d'altitude avec des massifs montagneux isolés. Les monts Alantica et monts Poli ont à peu près 2000 m d'altitude. Le bassin de Bénoué-Faro-Kebi domine le paysage autour de Garoua.

Au Nord de Garoua les Monts Mandara, atteignant 1000-1200 m d'altitude, forment l'extension septentrionale du cordon camerounais. Vers l'Est et le Nord, le paysage est caractérisé par les zones d'inondation du Logone et du Chari et dans l'extrême nord par le Lac Tchad avec une élevation de 285 m.

2.4. Géologie

La géologie du Cameroun est complexe (basé sur Olivry, 1986).

Pendant le *Précambien inférieur* une forte métamorphose des sédiments en migmatides, gneiss et schistes formait le socle précambien. Puis, dans ces sédiments il y avait des intrusions granitiques. Dans le *Précambien supérieur* des activités tectoniques formaient le plateau de l'Adamaoua et les fractures de Foumban à la Mbéré et d'Eséka au Dja.

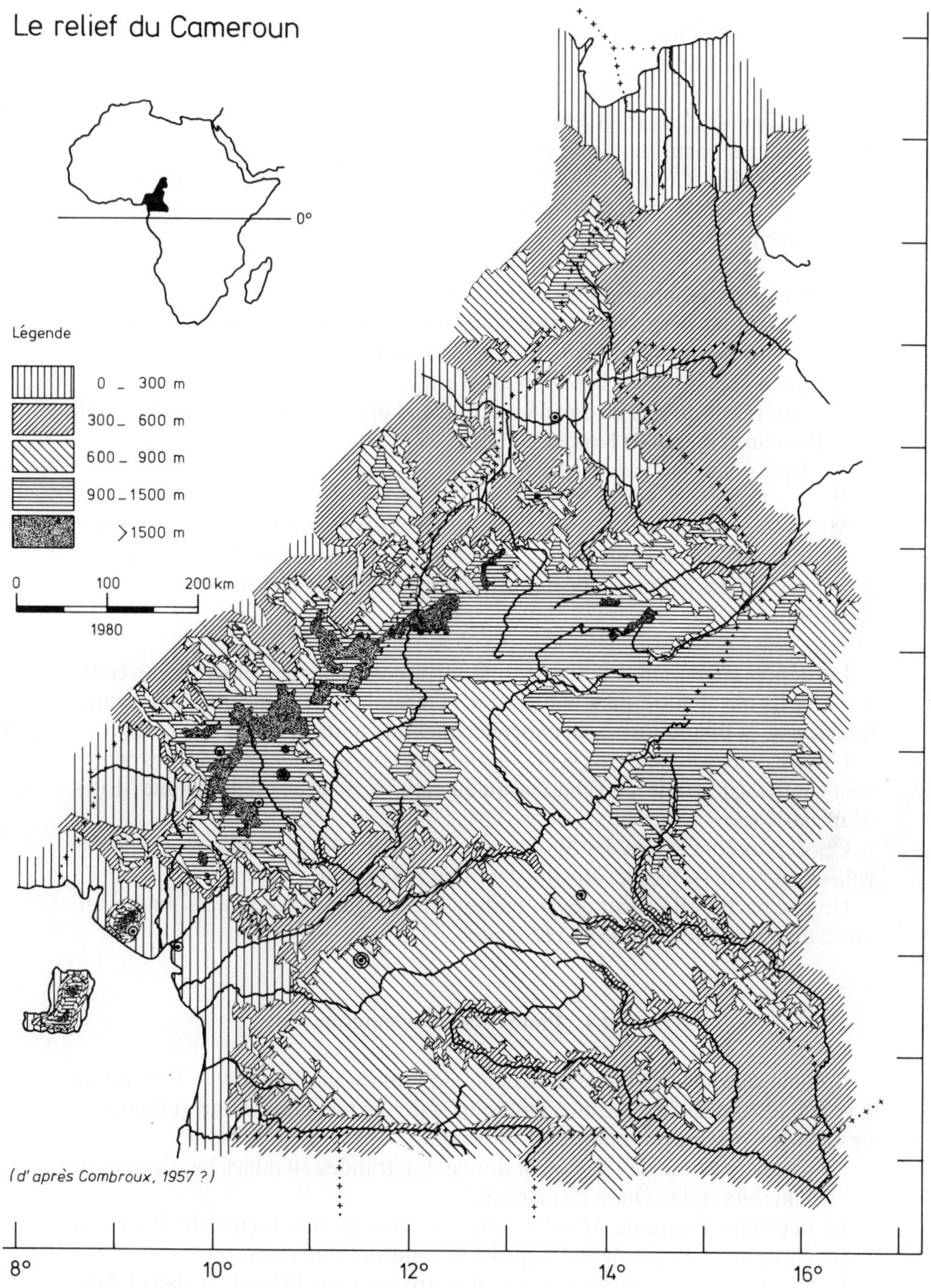

Carte 1 Relief du Cameroun (d'après Westphal, 1981)

Pendant le *Permien* et le début du *Secondaire*, des sédiments continentaux se sont déposés dans des petits synclinaux du Figuil (nord Cameroun) et le fossé de la Mbéré. A la fin du *Jurassique* il y avait la dislocation de l'Amérique du Sud de l'Afrique. Cette fragmentation du Gondwana a causé une grande fracture dans le socle à partir de Bioko et le mont Cameroun vers les monts Mandara dans le NordEst. Cette fracture faisait naître un fort plutonisme dans l'Ouest Cameroun et vers les monts Mandara, se manifestant dans une série de volcans actifs et éteints.

Les premières sédimentations datent du *Crétacé inférieur*:
- des formations détritiques à éléments grossiers formant les grès sublittoraux des bassins sédimentaires côtiers de Douala et Campo;
- des grès à bois silifiés de la région du Mamfé;
- des dépôts autour de Garoua (Amakousou, Léré – mayo Oulo, Figuil, bassin de Baouan et bassin de Kotcha);
- des dépôts dans la fossé de Mbéré.

Au *Miocène* jusqu'au *Quaternaire* une nouvelle transgression du bassin côtier conduit à un dépôt sur une grande épaisseur. La cuvette tchadienne se remplit des sables, argiles et limons d'origine fluviatile sur plusieurs centaines de mètres d'épaisseur.

Les dépots *quaternaires* sont pour une partie constitués des alluvions des cours d'eau et ils ont d'autre part une grande extension dans la cuvette tchadienne, le bassin de la Bénoué le bassin côtière et quelques hautes plaines de l'Ouest.

L'extension *quaternaire* est la plus grande sur la cuvette tchadienne. Les dépôts sont continus depuis le lac Tchad jusqu'au mayo Kebi et à l'est de la ligne Mora-Maroua-Kaele.

Ces dépôts concernent des limons et argiles, apportés du Logone, les apports éoliens du Nord (sables) et érosion des monts Mandara.

Un peu partout il y avait des formations de cuirasses latéritiques, conduisant aux bauxites à l'Adamaoua et à Dschang.

2.4.1. Plutonisme et volcanisme

Comme résultat des bouleversements de Gondwana la fente de l'Océan au Lac Tchad, appelé 'la ligne du Cameroun' a donné naissance à une quarantaine de massifs d'origine plutonique et volcanique.
- La première phase de l'*Eocène* a donné des grandes étendues basaltiques de l'Adamaoua et de l'Ouest Cameroun.
- La deuxième phase de *Mio-Pliocène* recouvre les montagnes de l'Ouest et constitue aussi les pitons des Kapsikis et le mont Cameroun.
- La troisième phase est *quaternaire* et se trouve dans l'Ouest, et dans l'Adamaoua près de la Vina méridionale.

2.5. Climat

Le climat a joué et joue toujours un rôle fondamental dans la pédogénèse et le couvert végétal du Cameroun. On peut observer presque tous les climats intertropicaux à cause de l'étendue du Cameroun depuis le lac Tchad jusqu'aux régions près de l'équateur. Les montagnes et l'océan ajoutent des nuances montagnardes et maritimes.

Le climat du Cameroun est soumis à deux régimes climatiques principaux:
- le climat tropical à deux saisons au nord de la ligne Bertoua-Bafia;
- le climat équatorial à quatre saisons au sud de cette ligne.

A ces deux grands régimes correspondent des variations régionales liées à l'altitude et aux influences océaniques (carte 2).

1. *Climat tropical sec* du l'extrême Nord Cameroun, au Nord d'une ligne Mora-Maroua-Kaélé. Les précipitations annuelles varient entre 400-900 mm. La saison sèche est de 7 mois.
2. *Climat tropical* de la Bénoué concerne la région de Maroua jusqu'au plateau de l'Adamaoua. Les précipitations annuelles se situent entre 900-1100 mm. La saison sèche est de 6 mois.
3. *Climat tropical d'altitude* de l'Adamaoua à deux saisons couvrant le plateau de l'Adamaoua. L'altitude moyenne est 1000 m. Les précipitations annuelles se situent entre 1400 et 1800 mm. La saison sèche dure moins de 4 mois.
4. *Climat tropical de montagne* du Nord-Ouest, dans une zone limitée au Sud par l'axe Dschang-Foumban. Ses températures sont nettement plus basses que dans la reste du pays. La saison sèche est de 3 mois.
5. *Climat tropical et équatorial de transition* dans une région limitée au Nord par la ligne Yoko-Gatoua Bulai et au Sud par celle de Bafia-Bertoua; caractérisé par une chute de pluviosité en juillet-août sans montrer de véritable petite saison sèche. Les précipitations annuelles se situent entre 1400 et 1600 mm et la saison sèche dure de 2-3 mois.
6. *Climat équatorial*, couvrant le sud du pays. Les précipitations sont situées entre 1500-2000 mm. La petite saison sèche comprend 1, parfois 2 mois secs.
7. *Climat équatorial côtier sud*, plus humide que le climat équatorial à précipitations comprises entre 2000-4000 mm.
8. *Climat équatorial côtier nord* à deux saisons seulement, à une abondance des précipitations, qui se situent entre 4000-10000 mm.

2.6. Hydrologie et sols

Les rivières et fleuves du Cameroun se répartissent en plusieurs unités hydrographiques (carte 3):

A-les bassins de la façade atlantique, couvrant un peu plus de la moitié du pays, y compris:

Aa-bassin du Cross river;

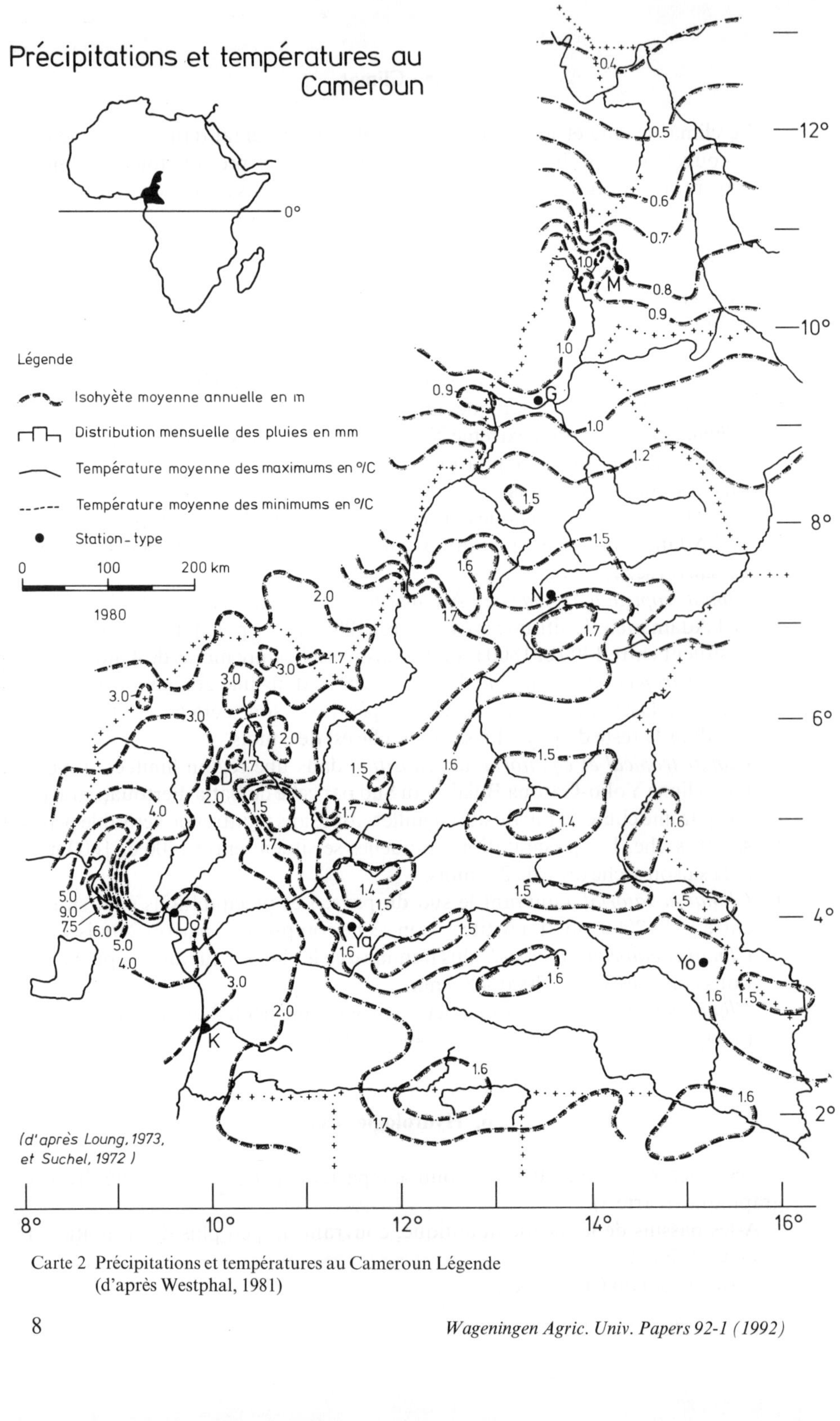

Carte 2 Précipitations et températures au Cameroun Légende (d'après Westphal, 1981)

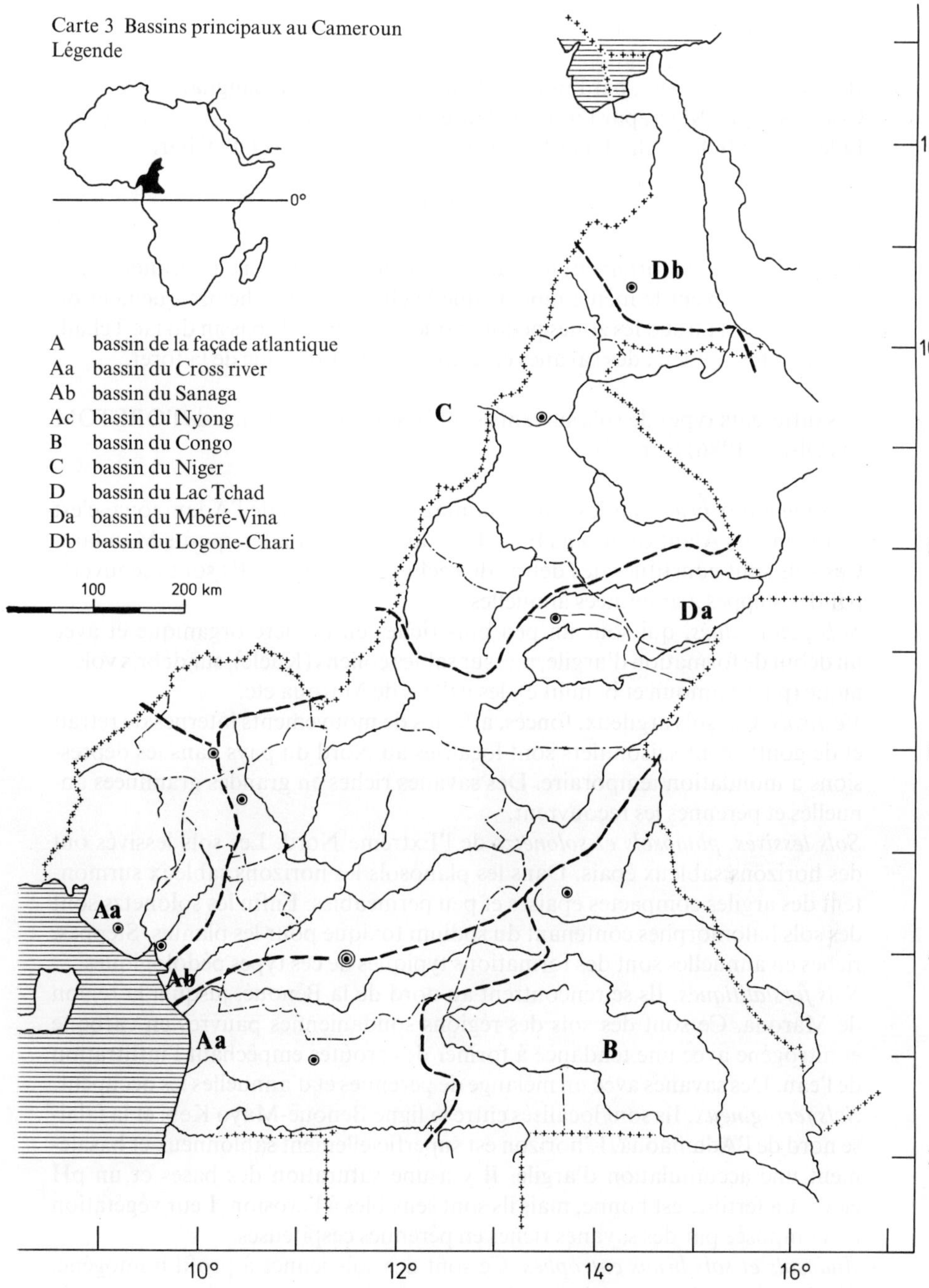

Carte 3 Bassins principaux au Cameroun

Ab-bassin du Sanaga, fleuve plus important du Cameroun;
Ac-bassin du Nyong;
B-le bassin du Congo, par l'intermédiaire du Dja et de la Sangha;
C-le bassin du Niger, par l'intermédiaire de la Bénoué;
D-le bassin du lac Tchad, par l'intermédiaire du Logone et du Chari.

2.6.1. Sols

La pédogénèse est fortement liée au climat et à la végétation; les grandes catégories du sol suivent le même modèle que le climat. Très schématiquement on observe du nord au sud les zones pédologiques suivantes: le bassin du lac Tchad, le domaine ferrugineux des savanes et le domaine ferrallitique de la forêt.

Les différents types de sols suivants sont basés sur les travaux de l'ORSTOM (dans Olivry, 1986) (carte 4).

- *Sols minéraux bruts*, sur les reliefs montagneux au nord de l'Adamaoua, c'est à dire: monts Alantica, monts Poli, Tchollíré, mont Guider, monts Mandara. Ces sols sont constitués des débris de roches désagrégées. Ils sont recouverts par des steppes à graminées annuelles.
- *Sols peu évolués*, qui sont un peu plus riches en matière organique et avec un début de formation d'argile, p.e. sur sables éoliens (Kaélé), sur débris volcanique (pays bamoun et bamiliké), les vallées de Maroua etc.
- *Vertisols.* Ces sols argileux, foncés, affectés de mouvements internes de retrait et de gonflement saisonniers sont localisés au Nord du pays dans les dépressions à inondation temporaire. Des savanes riches en grandes graminées annuelles et pérennes les recouvrent.
- *Sols lessivés, planosols et solonetzs* de l'Extrême Nord. Les sols lessivés ont des horizons sableux épais. Dans les planosols les horizons sableux surmontent des argiles compactes épaises et peu perméables. Enfin les solonetzs sont des sols halomorphes contenant du sodium toxique pour les plantes. Steppes, riches en annuelles sont des formations typiques de ces types pédologiques.
- *Sols fersialitiques.* Ils se rencontrent au nord de la Bénoué, jusqu'à la région de Maroua. Ce sont des sols des régions soudaniennes pauvres en carbone et nitrogène avec une tendance à former des croûtes empêchant l'infiltration de l'eau. Des savanes avec un mélange de pérennes et d'annuelles les occupent.
- *Sols ferrugineux.* Ils sont localisés entre la ligne Bénoué-Mayo Kebi et la falaise nord de l'Adamaoua. L'horizon est superficiellement sablonneux et basalement une accumulation d'argile. Il y a une saturation des bases et un pH élevé. La fertilité est bonne, mais ils sont sensibles à l'érosion. Leur végétation est composée par des savanes riches en pérennes cespiteuses.
- *Andosols et sols bruns eutrophes.* Ce sont des sols jeunes à profil homogène, développés sur les formations volcaniques basiques et généralement associés à des sols minéraux bruts ou peu évolués. On les trouve sur toutes les montagnes, du mont Cameroun à l'Adamaoua. Les sols bruns sont un peu plus déve-

Carte 4 Sols du Cameroun
Légende

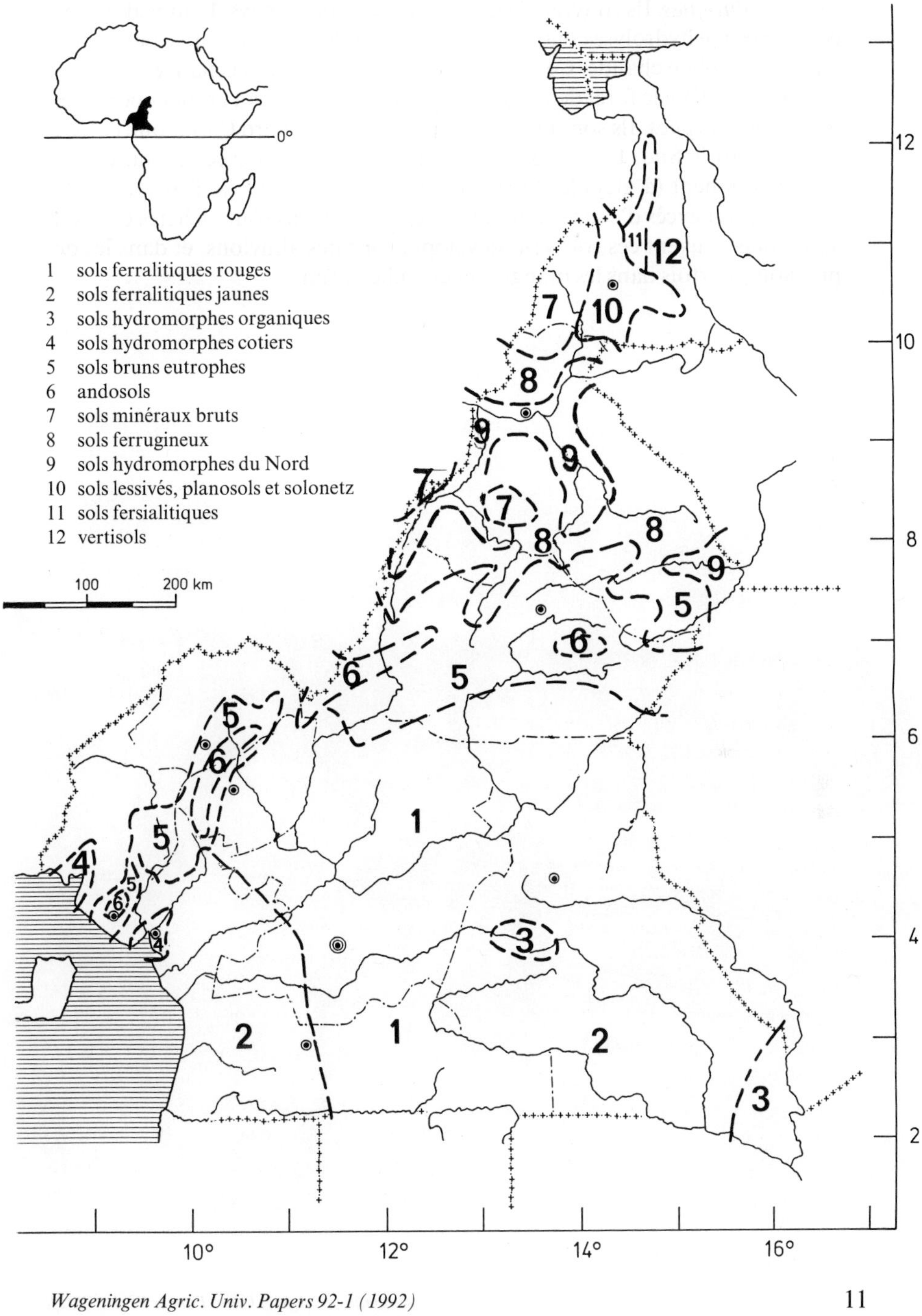

loppés et riches en minéraux et végétaux. On les trouve surtout dans la province de l'Ouest.

- *Sols ferrallitiques*. Ils couvrent la partie méridionale du pays. Leur pédogénèse comporte une hydrolyse complète des minéraux des roches, causée par l'abondance de la pluie chaude. Ce sont des sols profonds, à bas échange des bases. Ils sont associés à la forêt dense et aux savanes secondaires à grandes pérennes.
- *Sols hydromorphes*. Ils sont répandus surtout dans le Nord Cameroun et localement dans le Sud. Leur évolution est dominée par un excès d'eau. Quand il est permanent (à gley) les horizons sont gris et décolorés. Dans les sols à pseudogley, l'excès d'eau est temporaire et les horizons sont tachetés de rouille. Le plus souvent ces sols sont développés sur des alluvions, et dans les dépressions, parfois dans les mangroves en milieu salin.

3. PHYSIONOMIE DES GRAMINEES

3.1. Introduction

Une courte apeçue sur la physionomie des graminées et les biotopes principales est donnée pour une compréhension des facteurs biotiques déterminantes pour la distribution des graminées.

Contrairement aux graminées tempérées, les graminées tropicales montrent rélativement un bas ratio de feuilles-chaumes. L'élongation des chaumes et la floraison des espèces sont en général, réparties à la fin de la saison de croissance. Souvent la concentration des nutriments dans les chaumes et la digestibilité des celles-ci diminuent rapidement pendant la croissance.

Beaucoup de graminées ont une photosynthèse selon le système C- 4, système associé à une anatomie spécialisée de la feuille: le Kranz. Il y a relativement une petite proportion des cellules de la mésophylle et une grande proportion des cellules de l'épiderme, sclérenchyme et tissu vasculaire, qui sont difficiles à digérer. Le système C-4 connaît une efficacité de l'utilisation de la lumière plus grande et cela résulte en une croissance plus rapide, une utilisation de l'eau plus efficace et une plus grande production de matière sèche. Le taux-N des plantes C-4 est inférieur à celui des plantes C-3 (au maximum 0,5% contre 1% pour les plantes C-3). Les plantes avec le système C-4 sont adaptées à la condition d'une grande luminosité. Parfois, avec une synthèse spéciale, on les trouve à l'ombre (Breman, pers. inf.).

Le climat influence la valeur nutritive des graminées. Dans les tropiques surtout la lignification et le développement des chaumes sont stimulés. La digestibilité des chaumes est réduite par une proportion accrue des parois cellulaires. La grande luminosité stimule la photosynthèse et la production des carbohydrates solubles. Cette production diminue le taux des minéraux et des protéines des plantes parce que par un déficit fréquent d'azote dans les sols tropicaux le transfer de ces carbohydrates en protéines reste inférieur. Par une plus grande pluviométrie vers le Sud l'augmentation de la biomasse est plus rapide que l'accumulation de l'azote. Alors le taux d'azote dans la biomasse pendant la saison de croissance diminue; contraire aux ligneux pour lesquelles le taux-N est plus ou moins constante (26 g/kg N Sahel; 25 g/kg S sahel; 22 g/kg Soudan (Breman & De Ridder, 1991). Les années sèches donnent moins de nourriture mais la qualité est mieux (taux N élevé).

La valeur nutritive des graminées est donc fortement influencée par l'âge de la plante. Le taux des protéines et la digestibilité diminuent avec l'âge.

Les légumineuses des pâturages tropicales contiennent une valeur élevée des protéines et sont moins sensibles pour la détérioration de la valeur nutritive. Elles sont consommées en relativement plus grandes quantités.

En général les animaux mangent sélectivement et consomment surtout les feuilles et les parties supérieures des plantes (thèse A. Diallo*, 't Mannetje, 1984). Ces portions ont un taux N plus élevée que les autres (feuilles 8 g/kg; chaumes 3 g/kg, moyenne: 5 g/kg).

3.2. Les annuelles

Les graminées annuelles germent, fructifient et meurent dans une saison. Dans les tropiques secs la longueur de cycle sensible à la photopériode est liée à la quantité moyenne d'eau disponible pour un degré de latitude donnée.

Il y a une grande variabilité en composition floristique et en biomasse pour un lieu donné.

3.3. Les pérennes

Les graminées pérennes restent vivantes pendant plusieurs années. Le développement des grandes pérennes des savanes continue après la saison des pluies et la floraisson est souvent en octobre-novembre.

Elles ont la capacité d'absorber les nutriments aussi dans la saison sèche, donc sur une période plus longue que les annuelles. Cette capacité est avantageuse parce que les nutriments comme l'azote sont les facteurs limitants pendant la croissance (Penning de Vries, F.W.T & M.A. Djiteye, 1982). Cependant, passer la saison sèche aussi exige beaucoup de réserves.

On peut distinguer plusieurs formes de pérennes:

- Cespiteuse ou en forme de touffe; cauliphylle lorsque la touffe est constituée par un groupe de tiges avec les feuilles basillaires et caulinaires ou basiphylle lorsque la touffe est constituée des feuilles basillaires et des chaumes florifères peu feuillés.
- Procombante ou gazonnante, très ramifiée à tiges genouillées et couchées sur le sol, parfois formant de stolons et s'enracinant aux noeuds, souvent formant des nattes.
- Rhizomateuse, à tiges souterraines sans formation des touffes.

3.4. Adaptations écologiques des Graminées

La pollination est en général par le vent, rarement par des insectes (parfois par de petites hymenoptères, plateau de l'Adamaoua, *Urelytrum digitatum*).

Les diaspores connaissent beaucoup d'adaptations pour leur distribution par des animaux. Elles sont lisses et légères ou rugueuses et plus lourdes. Parfois elles sont munies d'une grande arête et souvent d'un callus acéré. Parfois les fourmis les distribuent (*Dactyloctenium aegyptium, Diheteropogon hagerupii, Pennisetum pedicellatum*). Plus exceptionelle est la distribution par l'eau (*Stenotaphrum secondatum*).

Selon les adaptations écologiques on peut distinguer plusieurs formes:
- Hydrophytes: graminées aquatiques, ayant souvent des feuilles et tiges époneuses.
- Sciaphytes: graminées de la forêt, ayant des feuilles larges, souvent ovales avec une nervation tesselée.
- Hygrophytes: graminées des régions (savanes) humides, ayant des feuilles longues et assez minces.
- Héliophytes: régions (savanes) subhumides ayant des feuilles longues, étroites et plus rigides.
- Xérophytes: graminées des régions arides, ayant des feuilles longues, filiformes et enroulées, rigides.

Plusieurs espèces (p.e. *Hyparrhenia diplandra*) sont très sensibles pour des moisissures.

3.5. Feux de brousse

Dans les steppes et savanes tropicales les feux de brousse sont un phénomène caractéristique et la végétation y est adaptée au passage annuel des feux. On parle souvent même d'une végétation climax sous l'influence des feux.
La tolérance et l'adaptation d'une espèce aux feux déterminent sa présence et la composition floristique d'un pâturage.
En général les bourgeons des graminées pérennes sont justes en dessous le niveau du sol; les diaspores sont souvent lisses pour ne pas être touchées par le feu.
Les feux dégradent les savanes parce qu'ils amincissent la végétation et accélèrent l'érosion. Les feux sont avantageux pour les graminées par l'élimination des compétiteurs plus sensibles comme les arbustes et en conséquance elles reçoivent une insolation plus forte. La période et fréquence des feux déterminent l'état des savanes. L'ouverture de la végétation par le feu rend les pérennes plus accessible au pâturage et donc plus vulnérable. Sans feu cependant, les pérennes des savanes ont à peine une valeur nutritive pour le bétail.

3.6. Physionomie des habitats

Dans les steppes et savanes les graminées ont un cycle de développement annuel, lié aux saisons qui sont très prononcées: extrêmement sèches ou avec une très grande quantité de l'eau. La végétation est verte pendant la saison de pluies lorsque l'eau est suffissante; les vallées et dépressions sont remplies d'eau et il y a des inondations limitées ou très vastes (dans le nord du pays). Les graminées se développent en quelques semaines et le fin de la saison des pluies et le début de la saison sèche est la saison principale de floraison des graminées. Puis les graminées fructifient et dessèchent. Début novembre les feux de brousse commencent et noircissent les savanes, plus les graminées étaient développées plus violents les feux; en quelques minutes les hautes chaumes sont devenues de cendres gris noir.

Dans les savanes ouvertes les feux parcourent la végétation plus lentement et y sont moins chauds. Il reste des parties non brûlées. Pendant la saison sèche les pérennes forment des repousses basses des feuilles vertes.

Quelques espèces fleurissent après les feux comme l'*Imperata cylindrica, Elionurus, Loxodera ledermannii.*

Les bas-fonds et les zones d'inondation du Cameroun septentrionale restent verts toute l'année mais la floraison est prononcée pendant la saison sèche.
Dans le centre du pays et sur les montagnes, où l'humidité et la pluviométrie sont plus élevées, l'effet des feux est moins grand que sur les savanes du Nord et les repousses de la saison sèches sont plus importantes.

Dans la forêt les graminées sont toujours vertes. Les feux ne passent pas et les graminées fleurissent toute l'année ou connaissent une saison prononcée de floraisson. Sur les endroits secondarisés les saisons sèches déterminent la période de floraisson.

3.6.1. Steppes

Dans les steppes de l'Extrême Nord les pluies sont irrégulières et l'humidité est basse. On y trouve surtout des annuelles. Leurs graines germent après les pluies, et puis connaissent une croissance rapide. Les pérennes cèspiteuses sont présentes dans les bas-fonds. Elles sont caractérisées par des feuilles rigides, formant une protection contre le pâturage et la sècheresse. Après des années très sèches la végétation est dégradée et d'autres herbacées dominent plutôt.

3.6.2. Savanes

Les savanes connaissent une saison des pluies avec les pluies assez régulières et une humidité élevée. La saison sèche est longue avec une humidité basse. Les pérennes sont cespiteuses, à croissance rapide après les premières pluies. La floraison principale est au début de la saison sèche. La végétation est brûlée dès que les chaumes sont suffisamment secs. Les annuelles et petites pérennes fleurissent au début de la saison des pluies. Puis les grandes pérennes se développent et fleurissent vers le fin de la saison humide et le début de la saison sèche.

3.6.3. Zones d'inondations

Les zones d'inondation sont un grand réservoir d'eau pendant toute la saison

sèche. La végétation est dominée par des graminées pérennes cespiteuses ou rhizomateuses. Dans la saison sèche lorsque l'eau est retirée il y a des repousses abondantes. En saison des pluies la végétation est protégée contre le pâturage par l'inaccessibilité du terrain, à cause de l'eau.

3.6.4. Montagnes

Sur les montagnes les températures sont basses et l'humidité est élevée. Les pâturages sont caractérisés par les pérennes cespiteuses et gazonnantes. Leur composition est fortement influencée par le pâture. Parfois les pérennes sont sur pédéstal par une érosion considérable p.e. sur le mont Cameroun. Localement les bambusaies hautes jusqu'à 12 m sont caractéristiques.

3.6.5. Forêt humide

La strate herbacée de la forêt humide connaît une humidité élevée et une luminosité limitée. Les espèces graminéennes de cette strate ont de larges feuilles, souvent à nervation tesselée. Elles n'ont pas une valeur fourragère. La floraison est peu prononcée et irrégulière.

Il y a une abondance des graminées dans les endroits ouverts comme la forêt secondaire, les lisières et le long des ruisseaux, cours d'eau et chemins, qui réagissent sur les saisons sèches. Aussi les collines ici sont souvent dominées par les graminées.

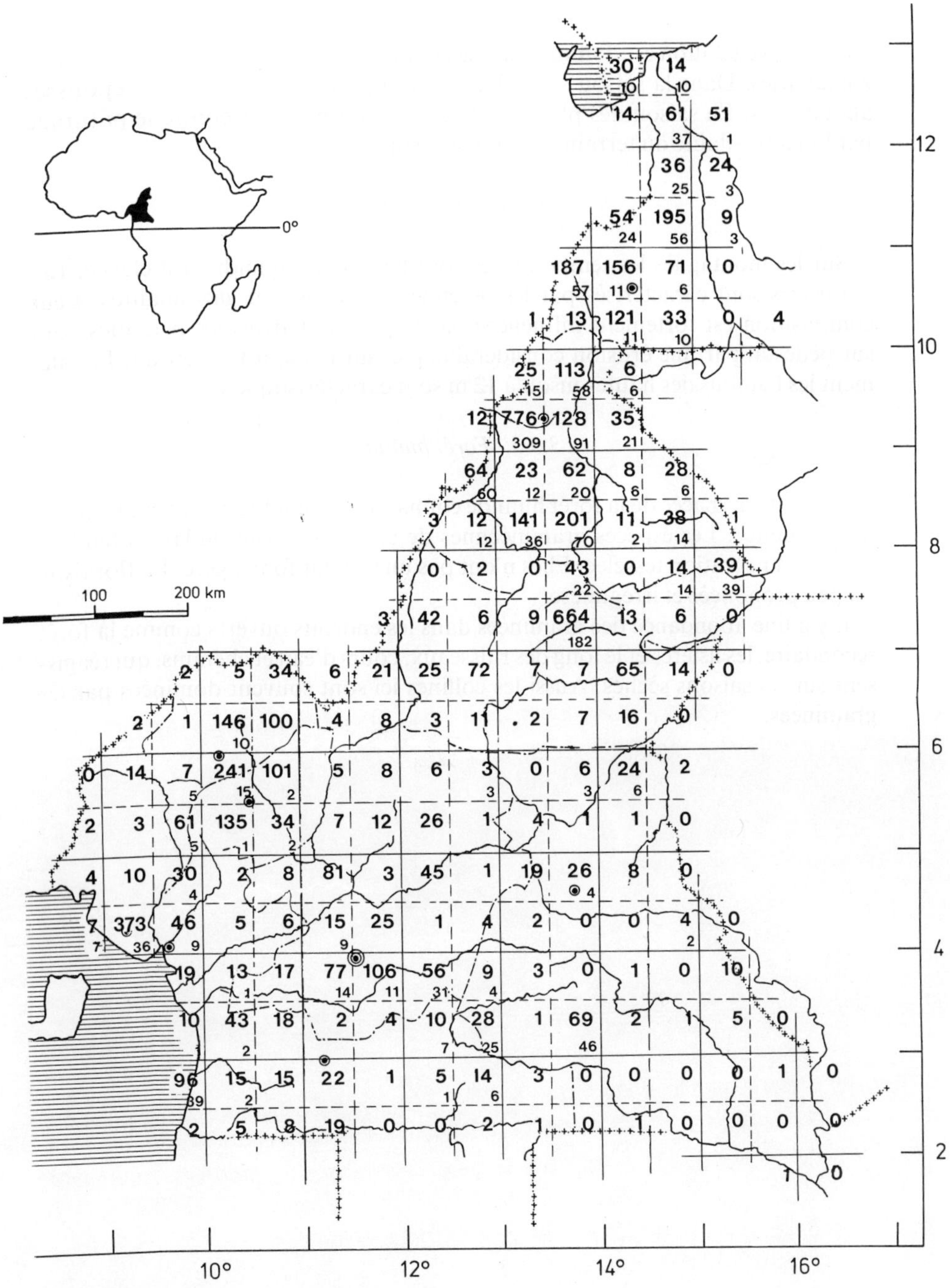

Carte 5 Collection des Graminées au Cameroun
Légende
123 nombre total collectés
123 nombre collecté par l'auteur

4. PHYTOGEOGRAPHIE DES GRAMINEES DU CAMEROUN

4.1. Distribution géographique

La flore des graminées est très riche au Cameroun et très variée. Il y a 125 genres et 433 espèces connues: zones humides: 136 espèces; galerie forestières: 5 espèces; savanes de basse altitude: 149 espèces; savanes de montagne: 47 espèces; forêt humide: 34 espèces. Il y a 63 espèces rudérales et 15 espèces céréalières ou introduites et pas encore spontanées. Voir dans l'annex 1 la liste des graminées.

Sillans (1958) donne pour la flore agrostologique de la République centrafricaine les résultats suivants: genres 95 et espèces 270 (dans les galeries 7 espèces, les savanes 233 espèces, la forêt humide 14 espèces, les galeries humides 10 espèces et dans les savanes et dans les forêts 4 espèces).

Les données de la distribution des graminées sont basées sur des études de plus de 7000 échantillons de graminées camerounaises, localisées dans des herbiers de Garoua (GAR), Wageningen (WAG), Yaoundé (YA), Paris (P), Kew (K) et Leyde (L) et sur la littérature.

4.1.1. Espèces à distribution réduite.

Sur le Mont Cameroun *Pentaschistis mannii* est endémique tandis que le *Pennisetum felicianum* (?= *P. monostigma*) est seulement distribué sur le plateau de l'Adamaoua et les monts Mandara. Les montagnes de l'Ouest partagent plusieurs espèces endémiques avec le Nigéria et Fernando Po: *Andropogon pusillus, Helictotrichon mannii, Hyparrhenia smithiana* var. *smithiana; Hypseochloa cameroonensis, Panicum acrotrichum, Sporobolus montanus.*

La nouvelle espèce *Digitaria adamaouensis* est endémique pour le plateau de l'Adamaoua et Foumbot au Cameroun. La nouvelle espèce *Eragrostis palustris* se trouve à l'Afrique occidentale. Une espèce est endémique pour l'ensemble du Cameroun et de la République centrafricaine: *Eragrostis raynaliana.*

Plusieurs espèces ont une distribution limitée à l'Afrique centrale et surtout au Gabon et au Cameroun: *Andropogon gabonensis, Guaduella marantifolia, Hyparrhenia wombaliensis, Puelia schumanniana.*

4.1.2. Espèces caractéristiques et espèces générales

Les différentes zones phytogéographiques du Cameroun peuvent être caractérisées par des graminées, surtout pour des espèces qui ne sont pas toujours très communes. Je les ai appelées les espèces caractéristiques. Par ailleurs, les différentes types de végétation sont dominées par des espèces communes qu'on peut trouver aussi dans d'autres zones (espèces communes). Pour chaque zone ces deux différentes groupes d'espèces sont données.

4.2. Phytogéographie de l'Afrique

Les grandes régions phytogéographiques suivent dans les grandes lignes les zones climatiques. Les zones édaphiques montrent une végétation spécialisée.

La carte de végétation de l'Afrique de White (1983) faite pour l'Unesco/AETFAT/UNSO donne pour le Cameroun une zone sahélienne de transition, une zone soudanienne au Sud de Goulfey et Nord du plateau de l'Adamaoua, une zone guinéo-congolaise de mosaïque de forêts et savanes secondaires (plateau de l'Adamaoua et savanes périforestières), la forêt afromontagnarde, la forêt ombrophile guinéo-congolaise et les forêts marécageuses. En plus il y a une formation herbeuse édaphique du Logone et Tchad et des types de végétation azonale: végétations marécageuses et aquatiques du Lac Tchad et mangroves.

Jacques-Félix (1950, 1951) apporte une contribution à la phytogéographie du Cameroun basée sur les conceptions phytogéographiques de Chevalier (1933). Sa synthèse est basée sur les zones climatiques.

Letouzey (1968, 1985) subdivise le Cameroun en trois régions principales: la région soudano-zambézienne avec les domaines sahélien et soudanien, la région afromontagnarde et la région guinéo-congolaise. Il inclut le plateau de l'Adamaoua dans la zone soudanienne en remarquant que l'influence humaine a donné au plateau une tendance soudanienne.

Keay (1959) distingue une zone guinéenne septentrionale et méridionale (y compris la zone soudanienne) et une zone de savanes dérivées.

Les secteurs sahélien et soudanien des différents auteurs sont identiques (Trochain, 1952), mais parfois (Lebrun, 1947; Chevalier, 1938; Aubreville 1936, 1959) étendent la région guinéenne en y incluant la zone soudano-guinéenne. Letouzey (1985) précise le domaine sahélien.

Pour les graminées le système de Letouzey (1985) est le plus satisfaisant. Les différents domaines donnent les grandes lignes de distribution des graminées.

Très peu d'études phytosociologiques sont exécutées au Cameroun (Portères, 1946; Tibui, 1984) ou dans les pays avoisinants. Dans celles-ci pas ou peu d'échantillons sont conservés et les identifications ne sont donc pas vérifiables. L'échelle de ces études très localisées ne permet pas de généraliser les conclusions.

4.3. Zonation du Cameroun

Basé sur l'oeuvre de Letouzey (1985) et l'étude des distributions des graminées on peut distinguer au Cameroun les unités suivantes (carte 5):

REGION SOUDANO-ZAMBEZIENNE
Domaine sahélien
- Secteur sahélien
- Secteur sahélo-soudanien

Domaine soudanien
- Secteur soudano-sahélien
- Secteur soudanien, limité par la falaise
- Secteur soudano-guinéen (plateau de l'Adamaoua)

REGION AFROMONTAGNARDE
Domaine afromontagnard
- Secteur subalpin, au dessus de 2800-3000 m
- Secteur montagnard, entre 1800 et 2800(-3000) m

REGION CONGO-GUINEENNE
Domaine guinéo-congolais
- Secteur submontagnard, entre 100-1800(-2000) m
- Secteur guinéo-soudanien (savanes périforestières)
- Secteur atlantique
- Secteur camerouno-congolais

La composition floristique des zones d'inondation est aussi partiellement liée aux zones phytogéographiques et pour cette raison elles sont traitées avec les secteurs dans lesquels elles sont situées.

Contrairement à la flore de l'Afrique occidentale la flore des graminées du Cameroun n'est pas tellement influencée par la désertification et les années déficitaires de pluie. Seulement l'Extrême Nord, en particulier la zone au Nord du Maltam et du Kousseri, a connu une grande modification. Malheureusement les anciennes collections de cette zone sont assez limitées. A côté avec ces cultures et collecte de bois l'homme a influencé la végétation. Mais les grandes unités de la végétation n'ont pas subi des modifications substancielles.

4.4. Place de la flore graminéenne du Cameroun dans le monde et en Afrique.

Le Cameroun connaît une flore agrostologique très riche. Au Cameroun les flores soudanienne, zambézienne et congolaise se joignent. En plus il y a une grande variation en facteurs topographiques, pédologiques, climatiques et édaphiques. Cette richesse se traduit par 433 espèces, connues à présent dont 60% sont des espèces soudano-zambéziennes, 12% des espèces afromontagnardes et 10% guinéo-congolaises. Les autres taxons ont des affinités moins claires.

Les éléments suivants des graminées camerounais sont pantropicaux: *Cyno-*

Carte 6 Phytogéographies des Graminées
Légende

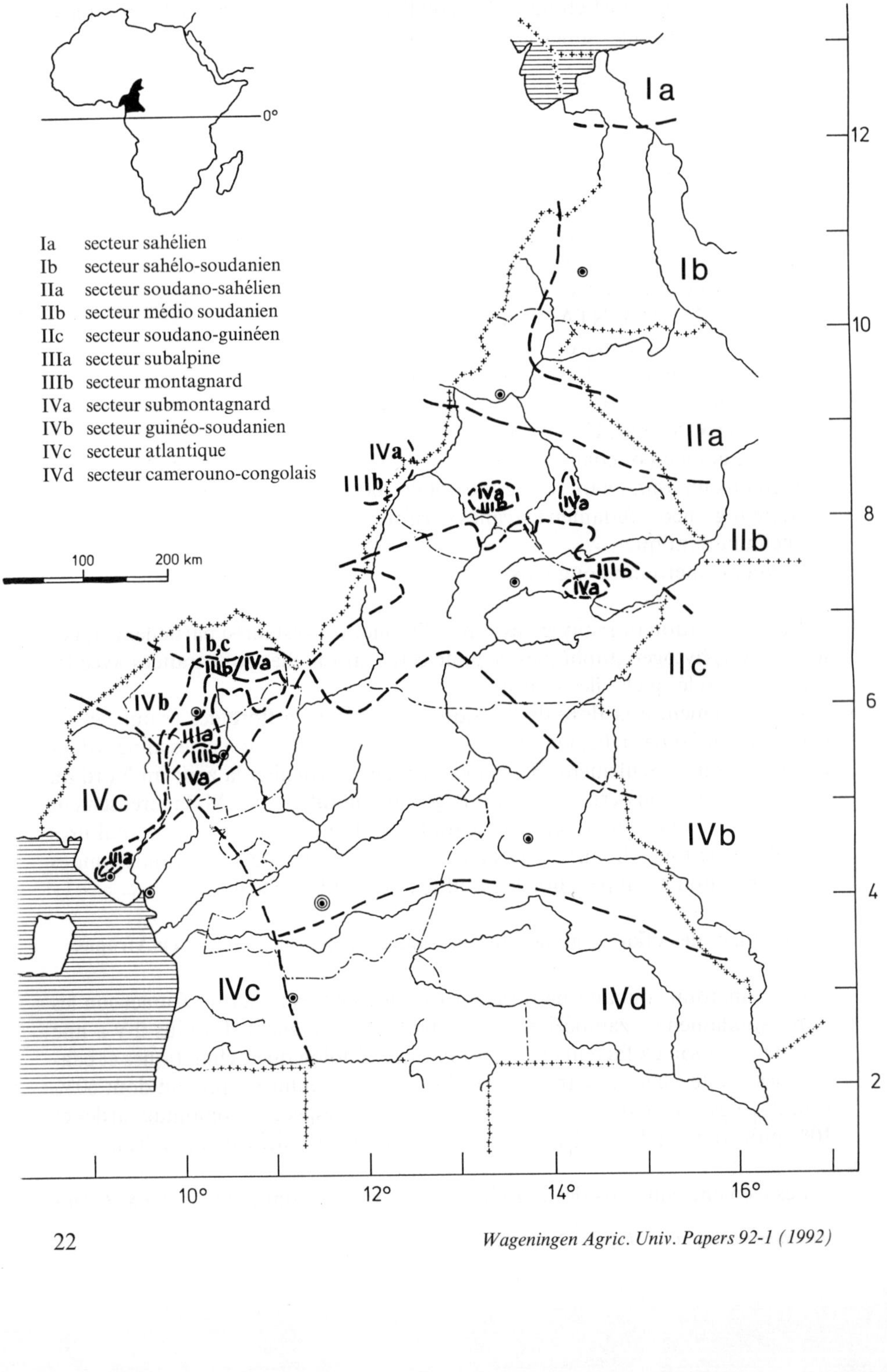

don dactylon, Microchloa spp., Oplismenus spp., Panicum repens, Pseudoechinolaena polystachya; en plus les mauvaises herbes: *Eragrostis ciliaris, E. cilianensis, E. pilosa, E. tenuifolia, E. viscosa, Dactyloctenium aegyptium, Eleusine indica, Sporobolus piliferus, S. tenuissimus.* A côté l'homme a donné aux céréales et aux herbes fourragères une distribution pantropicale.

Eléments de l'ancien Monde (Afrique, Asie) dans la flore graminéenne du Cameroun sont: *Alloteropsis cimicina, A. semialata, Eleusine spp., Leptaspis zeylanica, Phragmites spp., Streptogyna crinita.*

Quelques éléments de la flore sont liés à ceux de l'Amérique du Sud, comme les genres *Chloris, Dinebra, Elionurus, Olyra, Paspalum*, et le *Stenotaphrum secundatum.*

Eléments du Cameroun répartis dans toute l'Afrique tropicale, comme *Hyparrhenia rufa* sont nombreux. Ils comptent plus de 150 espèces ou plus de 35% de la flore.

La partie septentrionale du Cameroun est située dans la région soudano-zambézienne qui forme une bande de l'Afrique occidentale vers l'Est et autour le Bassin du Congo. C'est la région des savanes soudaniennes dominées par les genres *Andropogon, Hyparrhenia, Loudetia.* Les espèces confinées à cette zone sont: *Hyparrhenia diplandra, H. welwitschii.*

Les espèces d'*Aristida spp., Chloris lamproparia, Ctenium elegans, Hyparrhenia exarmata* sont plutôt sahéliennes ou sahélo-soudaniennes.

La flore soudanienne du bord septentrional du bassin de Congo est très riche et surtout bien développée dans la République centrafricaine. Eléments de la région Nigéria-Cameroun-République centrafricaine: *Hyparrhenia barteri, H. involucrata.*

La zone soudano-guinéenne: *Eragrostis invalida, E. mokensis.*

Autour du Bassin de Congo: *Hyparrhenia barteri, H. niariensis.*

Sur le plateau de l'Adamaoua il y a des éléments communs avec l'Afrique orientale: *Alloteropsis angusta, Andropogon laxatus, Digitaria pearsonii, Habrochloa bullockii, Sacciolepis huillensis, Melinis spp.* La flore des collines (Tchabal Mbabo) est liée à la flore du Cameroun occidentale.

Les montagnes occidentales du Cameroun constituent une barrière ou provoque un changement dans la distribution de plusieurs espèces: *Hyparrhenia subplumosa* commune vers l'ouest, rare à l'Est; *H. diplandra* l'inverse.

Le Logone comporte un élément Afrique équatoriale: *Louisiella fluitans.*

Dans la zone afromontagnarde on observe des taxons endémiques probablement due à cause d'un long isolement. En général la flore de cette zone est à relier à celle de l'Afrique orientale (grandes montagnes du Zaïre, du Kenya et de la Tanzanie).

La partie forestière du Cameroun

La partie méridionale du Cameroun fait parti de la flore de l'Afrique forestière dense (*Cyrtococcum chaetophoron*) et plus précisement de la flore de l'Afrique équatoriale avec des espèces forestières comme *Entolasia olivacea, Guaduella spp., Hyparrhenia wombaliensis, Microcalamus barbinodis, Ottochloa nodosa, Panicum spp., Puelia spp.*

L'Ouest du Cameroun a des liaisons avec Afrique occidentale: p.e. *Guaduella macrostachys.*

5. ZONATION DU CAMEROUN

5.1. Pays entier

Plusieurs espèces graminéennes du Cameroun sont largement réparties dans tout le pays. On les trouve dans les zones humides du Nord, sur les savanes au milieu du pays et sur les jachères ou le long des routes de la partie forestière. Ces espèces sont e.a. *Cynodon dactylon, Hyparrhenia rufa, Imperata cylindrica, Panicum maximum, Paspalum scrobiculatum, Pennisetum polystachion, P. purpureum, Sporobolus indicus* var. *pyramidalis* D'autres ont une distribution générale en excluant le Sahel et la forêt dense comme *Euclasta condylotricha, Brachiaria villosa, Phacelurus congoensis, Setaria barbata.*

Plusieurs espèces sont réparties de la zone soudanienne en forêt dense humide où elles occupent souvent les endroits secondarisés: *Acroceras zizanioides, Chloris pycnothrix, Hyparrhenia diplandra, Imperata cylindrica, Loudetia simplex, Microchloa kunthii, Panicum brevifolium, Paspalum paniculatum, Rhytachne rottboellioides, Sporobolus infirmus.*

Certaines espèces ont leur limite septentrionale sur le plateau de l'Adamaoua: *Echinochloa crus-pavonis, Olyra latifolia, Oplismenus hirtellus, Pseudoechinolaena polystachya, Setaria longiseta, S. megaphylla, Sporobolus pectinellus, S. myrianthus.*

D'autres taxons ont une distribution particulière; les monts Poli, Ngaoundéré-Tello, Dschang: *Paspalum lamprocaryon*; l'Extrême Nord et Dschang: *Panicum repens, Oryza punctata.*

Les espèces riveraines trouvées partout mais surtout dans le Nord sont: *Brachiaria mutica, Chloris robusta, Echinochloa colonum, E. pyramidalis, Hyparrhenia rufa, Leersia hexandra, Leptochloa caerulescens, Oryza longistaminata, Phragmites australis, Sacciolepis africana, Setaria sphacellata, Sorghum arundinaceum* (absente sur le plateau de l'Adamaoua).

Les espèces rudérales ont souvent une vaste distribution: *Andropogon fastigiatus, Digitaria horizontalis, D. ciliaris, Eragrostis spp, Eragrostis tenella, Panicum spp., Paspalum spp., Rottboellia cochinchinensis, Sporobolus spp.*

Les espèces des formations édaphiques du Nord (Van der Zon, 1987), parmi les zones humides à inondations périodiques sont les mieux représentées dans la partie nord du Cameroun, notamment dans les vallées des grandes rivières comme le Faro, la Bénoué, le Logone, le Chari et autour du lac Tchad et du lac Maga. On peut présenter un hydrosérie, c'est à dire une liste des graminées qui se succèdent avec une inondation de plus en plus importante. Il s'agit de:

Inondation courte et peu profonde
Inondation longue et profonde
Chloris pilosa
Andropogon gayanus
Sorghum arundinaceum
Echinochloa colona
Eriochloa fatmensis
Panicum paucinode
Pennisetum ramosum
Andropogon canaliculatus
Hyparrhenia glabriuscula
Hyparrhenia rufa
Panicum fluviicola
Panicum anabaptistum
Setaria aphacellata
Eragrostis atrovirens
Ischaemum afrum
Eragrostis namaquensis
Vetiveria nigritana
Paspalum scrobiculatum
Andropogon africanus
Phacelurus congoensis
Echinochloa obtusiflora
Oryza barthii
Phragmites australis
Leersia hexandra
Echinochloa pyramidalis
Oryza longistaminata
Echinochloa stagnina
Vossia cuspidata

5.2. Région soudano-zambézienne

La région soudano-zambézienne est la zone de grandes savanes africaines avec les grands mammifères. Les graminées y forment la famille principale.

La zone soudano-zambézienne est subdivisée en deux zones: une zone soudanienne au nord de l'équateur et une zone zambézienne en Afrique orientale. La zone soudanienne ne dépasse guère les 800 m d'altitude sauf sur le plateau de Jos au Nigéria, les monts Alantica, de Poli, les monts Mandara et le plateau de l'Adamaoua. La zone zambézienne est située pour une grande partie au dessus de 900 m. Les flores de ces deux zones sont étroitement liées avec plusieurs genres communs et des espèces endémiques.

L'espèce caractéristique de la région soudano-zambézienne est *Acroceras amplectens.*

Au Cameroun la région soudano-zambézienne est subdivisée en deux domaines: le domaine sahélien et le domaine soudanien.

5.2.1. Domaine sahélien

Les espèces caractéristiques de la zone sahélienne sont: *Aristida stipoides, Brachiaria deflexa, B. ramosa, B. xantholeuca, Panicum laetum, Setaria verticellata.*

Plusieurs espèces sahéliennes penètrent dans la partie nord de la zone soudanienne: *Aristida adscensionis, A. hordeacea, A. kerstingii, Brachiaria stigmatissata, B. lata, Cenchrus biflorus, Dinebra retroflexa, Elytrophorus spicatus, Ischaemum afrum, Echinochloa obtusiflora, E. rotundiflora, Eriochloa fatmensis, Panicum anabaptistum, P. paucinode, Pennisetum ramosum.*

5.2.2. Secteur sahélien

Le secteur sahélien est constitué par des steppes et des zones d'inondation. Il est limité par une ligne Kousseri – Fotokol. L'occupation principale de la population humaine est l'élevage et l'agriculture de subsistance.

Les graminées des endroits secs sont souvent annuelles. La végétation est basse, fortement pâturée et souvent dégradée ou en jachère. Les zones d'inondation ont beaucoup de pérennes.

Régulièrement la région est touchée par la sècheresse et cela signifie une forte attaque sur les pâturages.

Espèces caractéristiques du secteur sont: *Alloteropsis cimicina, Brachiaria serrifolia, Chloris prieurii, Ctenium elegans, Diheteropogon hagerupii, Leptochloa malabarica, Urochloa trichopus* et de la zone d'inondation du Chari: *Chloris virgata* et *Oryza punctata* (aussi Dschang). Espèces dominantes des sols non inondés sont: *Aristida adscensionis; Chloris pilosa; Eragrostis pilosa; Schoenefeldia gracilis.* Localement on trouve *Andropogon gayanus.*

Biotopes divers:

- Steppes arbustives à végétation très ouverte et beaucoup de zones dénudées; dominée par des annuelles basses: *Aristida stipoides, Chloris barbata, C. pilosa, C. prieurii, Eleusine indica, Microchloa indica, Sporobolus microprotus.*
- Savanes arbustives, annuelles dominantes, recouvrement du sol partiel: *Aristida adscensionis, Brachiaria ramosa, B. xantholeuca, Chloris prieurii, Digitaria horizontalis, Eragrostis arenicola, E. cilianensis, Urochloa trichopus.* Savanes arborées avec un recouvrement élevé des ligneux. Il y a surtout des hautes graminées annuelles: *Digitaria horizontalis, Diheteropogon hagerupii, Panicum antidotale, Rotboellia cochinchinensis* et en plus les pérennes *Andropogon gayanus, Panicum maximum.*
- Sols humides, souvent argileux, se dessèchant dès que les pluies se terminent.

Les ligneux épars ou absents; les graminées sont des annuelles courtes: *Brachiaria ramosa, Panicum laetum, Setaria pumila* et lorsqu'une végétation ligneuse est mieux développée: *Panicum maximum.*

- Sols hydromorphes, mares saisonnières avec des annuelles courtes: *Echinochloa colona, Elytrophorus spicatus, Eragrostis namaquensis, Oryza punctata.*
- Sols vertiques, savanes arborées avec de grandes graminées annuelles ayant un bon recouvrement du sol: *Dinebra retroflexa, Echinochloa colona, Oryza barthii, Panicum ramosum, Sorghum arundinaceum.*
- Berges du Chari avec une végétation très ouverte: *Aristida stipoides, Chloris virgata, Digitaria debilis, Leptochloa caerulescens, Panicum anabaptistum, Pogonarthria squarrosa.*
- Lit du Chari, végétation flottante des pérennes: *Echinochloa pyramidalis, E. stagnina, Phragmites australis, Sacciolepis africana, Vossia cuspidata*; sur le Lac Tchad en plus: *Leptochloa malabarica, Paspalidium geminatum.*
- Ilots dans le Lac Tchad: *Brachiaria ramosa, Chloris prieurii, Cynodon dactylon, Digitaria ciliaris, Panicum antidotale.*

5.2.3. Secteur sahélo-soudanien

Le secteur sahélo-soudanien est caractérisé par des savanes arbustives, localement arborées avec des graminées diverses. Il y a beaucoup d'annuelles, hautes de 1 à 2 m. Les savanes sont fortement dégradées par les cultures (p.e. le coton, le sorgho) et le pâturage. Elles ont une grande valeur pastorale. On y trouve de vastes zones d'inondation (yaérés), dominées par de hautes graminées pérennes.

Espèces caractéristiques: *Diheteropogon hagerupii, Panicum walense.* Zone d'inondation du Logone: *Louisiella fluitans* et *Sorghastrum stipoides.* Espèces dominantes sur les sols non inondés: *Andropogon pseudapricus, Aristida adscensionis, Brachiaria xantholeuca, Chloris pilosa, Dactyloctenium aegyptium, Eragrostis pilosa, Schoenefeldia gracilis.*- Sols halomorphes, pas de strate herbacée vivace mais des annuelles: *Aristida spp., Loudetia togoensis, Panicum laetum, Schoenefeldia gracilis, Schizachyrium exile.* – Mares et sols inondés: *Echinochloa pyramidalis, E. stagnina, Oryza longistaminata.*

Biotopes divers:

- Savanes arborées sur sols ferrugineux, avec pérennes et annuelles atteignant 1-2 m de hauteur et avec un recouvrement du sol quasi-complet en saison des pluies: *Andropogon gayanus, Aristida adscensionis, Brachiaria srrata, B. serrifolia, B. xantholeuca, Chloris pilosa, Ctenium newtonii, Dactyloctenium aegyptium, Digitaria lecardii, D. nuda, Diheteropogon hagerupii* (sud de Waza), *Eragrostis tremula, Heteropogon contortus, Hyparrhenia bagirmica, H. barteri, Hyperthelia dissoluta, Loudetia togoensis, Panicum maximum, Pennisetum pedicellatum, Schizachyrium exile, Schoenefeldia gracilis, Setaria pumila, Sporobolus pyramidalis, S. microprotus, S. festivus.*
- Plus vers le sud (Mora-Waza) dans la même végétation: *Andropogon pseuda-*

pricus, Aristida kerstingii, Eragrostis turgida, Pennisetum pedicellatum.
- Steppes arbustives, souvent issues d'une savane dégradée: *Aristida adscensionis, Brachiaria stigmatissata, Cenchrus biflorus, Chloris lamproparia, C. prieurii, C. pilosa, Digitaria gayana, Eragrostis cilianensis, Microchloa indica.*
- Jachères: *Andropogon fastigiatus, Aristida mutabilis, A. stipoides, Chloris pilosa, Loudetia togoensis, Schoenefeldia gracilis.*
- Endroits anthropogènes: *Dactyloctenium aegyptium, Digitaria nuda, Eleusine indica, Eragrostis ciliaris, E. pilosa, E. unioloides, Setaria verticellata.*
- Le long des routes: *Eragrostis tremula, Schoenefeldia gracilis.*
- Collines: *Andropogon gayanus, Pennisetum polystachion.*
- Sols sur rocher; végétation courte, très pâturée: *Andropogon pinguipes, Aristida adscensionis, Chloris pilosa, Digitaria nuda, Eragrostis arenicola, E. turgida, Loudetia togonesis, Melinis repens, Microchloa indica, Sporobolus festivus, S. paniculatus, Tripogon minimus.*
- Sols halomorphes (hardés): courte végétation d'annuelles, recouvrement partiel: *Alloteropsis cimicina, Brachiaria xantholeuca, Chloris pilosa, C. lamproparia, Dactyloctenium aegyptium, Digitaria longiflora, Eragrostis pilosa, Loudetia togoensis, Panicum laetum, Setaria pumila, Sporobolus microprotus, S. festivus, Tripogon minimus, Urochloa trichopus.*
- Sols alluviaux, végétation hautes de pérennes et annuelles: *Echinochloa colona, E. obtusiflora, Hyparrhenia rufa, Oryza longistaminata, Panicum antidotale, Setaria sphacellata.*
- Sols argileux humides, inondation pluviale, végétation dense de petites annuelles: *Aristida hordeacea, Brachiaria ramosa, Chloris lamproparia, Dactyloctenium aegyptium, Dinebra retroflexa, Elytrophorus spicatus, Eragrostis pilosa, Eriochloa fatmensis, Loudetia togoensis, Panicum laetum, Setaria pumila, Sporobolus microprotus.*
- Mares ou petits cours d'eau saisonniers, peu profonds, sols hydromorphes, végétation touffue d'annuelles: *Brachiaria xantholeuca, Eragrostis gangetica, E. namaquensis, Oryza barthii, Setaria pumila.*
- Eaux profondes, végétation luxurieuse de pérennes: *Andropogon gayanus, Panicum anabaptistum, Setaria sphacellata, Sorghum arundinaceum.*
- Vertisols, végétation variée, parfois très haute: *Acroceras amplectens, Dinebra retroflexa, Ischaemum afrum, Pennisetum ramosum, Rottboellia cochinchinensis, Sorghum arundinaceum.*
- Savanes inondables (yaérés), en général une haute végétation de pérennes: *Eragrostis atrovirens, Hyparrhenia rufa, Panicum anabaptistum, P. coloratum, P. fluviicola, P. porphyrhizos; Sorghastrum trichopus, Vetiveria nigritana.*
- Mares permanentes et lit de Logone: *Louisiella fluitans, Oryza longistaminata, Phragmites australis, Vossia cuspidata.*

5.2.4. Domaine soudanien

Le domaine soudanien est à subdiviser en trois secteurs dont deux septentrionaux d'altitude basse (entre 280-400 m) et le méridional d'altitude (au-dessus de 800 m).

L'espèce caractéristique de la zone soudanienne y compris le plateau est surtout *Schizachyrium sanguineum*, mais aussi *Alloteropsis semialata, Andropogon canaliculatus, Aristida diminuta, Arundinella nepalensis, Eragrostis cenolepis, E. turgida, Hyparrhenia filipendula, Loudetia annua, Panicum tenellum, Parahyparrhenia annua, Pennisetum macrourum, Sacciolepis spiciformis* et *Elionurus hirtifolius* joue un rôle important.

Les zones sahélo-soudanienne et soudano-sahélienne forment les zones de transition des domaines sahélien et soudanien. Ils ont beaucoup d'espèces caractéristiques. La zone de transition est très touchée par l'homme. Espèces caractéristiques sont: *Andropogon pinguipes, Aristida kerstingii, A. mutabilis, A. sieberana, Chrysochloa hindsii, Digitaria gayana, Heteropogon contortus, H. melanocarpus, Loudetia hordeiformis, Pennisetum pedicellatum, Schizachyrium exile, Setaria incrassata* et *Thelepogon elegans*.

Plusieurs taxons descendent jusqu'en zone soudanienne: *Andropogon canaliculatus, Digitaria argillacea, Hyparrhenia bagirmica, Leersia drepanothrix* ou même jusqu'au plateau de l'Adamaoua: *Hyparrhenia involucrata, Hyperthelia dissoluta, Panicum fluviicola, Rhytachne triaristata, Saccharum spontaneum.*

5.2.5. Secteur soudano-sahélien

Surtout récemment dans le secteur soudano-sahélien il y avait une forte extension de la population humaine par la migration. La végétation originale y est une savane arbustive à arborée avec de grandes graminées. L'influence sahélienne y est encore forte. On y trouve de grandes vallées du bassin de la Bénoué avec des zones d'inondation étendues.

Espèces caractéristiques: *Andropogon pinguipes, Bothriochloa bladhii, Chrysochloa hindsii, Eragrostis viscosa, Heteropogon melanocarpus, Leersia drepanothrix, Oryza glaberrima, Pogonarthria squarrosa, Schizachyrium nodulosum, Sehima ischaemoides*. Espèces dominantes: *Andropogon pseudapricus, A. schirensis, A. fastigiatus, A. gayanus, A. pinguipes, Aristida kerstingii, Cymbopogon giganteus, Diheteropogon amplectens, Loudetia simplex, Schizachyrium exile, S. sanguineum.*

Biotopes divers:

- Savanes sur sols ferrugineux, hautes pérennes et annuelles: *Andropogon gayanus, A. schirensis, Diheteropogon amplectens, Hyparrhenia involucrata, Loudetia simplex, Schizachyrium sanguineum.* – Dans l'ombre: *Brachiaria comata, Euclasta condylotricha.*- Sur grès: *Aristida kerstingii, Cynodon dactylon, Digitaria argillacea, D. delicatula, D. gayana, D. nuda, Ischaemum amethystinum,*

Hyperthelia dissoluta, Loudetia flavida, L. simples, L. togoensis, Microchloa kunthii, Schizachyrium nodulosum, S. sanguineum, Tripogon minimus.

- Cultures ou jachères, souvent sur sols ferrugineux: *Aristida kerstingii, Brachiaria villosa, Digitaria delicatula, D. horizontalis, Dinebra retroflexa, Eragrostis aspera, E. ciliaris, Eleusine indica, Heteropogon contortus, Mnesithea granularis, Panicum pansum, Pennisetum pedicellatum.*
- Sols sableux, avec de courtes annuelles: *Loudetia annua, Perotis patens, Schizachyrium exile, Sporobolus paniculatus.* Sols gravillonneux, végétation ouverte ou fermée d'annuelles d'une hauteur médiocre: *Digitaria lecardii, Schizachyrium nodulosum, S. urceolatum, S. exile.* – Sols dégradés, le long des routes: *Aristida kerstingii, Schoenefeldia gracilis, Thelepogon elegans.* – Lithosols, sols peu profonds: *Chloris prieurii, Chrysochloa hindsii, Loudetia hordeiformis, Schizachyrium exile, Sporobolus festivus, S. paniculatus, Tripogon minimus.* Rocheux, inondée superficiellement: *Andropogon pinguipes, A. pseudapricus, Aristida hordeacea, Echinochloa obtusiflora, Loudetia togoensis, Pennisetum polystachion, Schizachyrium exile, Schoenfeldia gracilis, Setaria pumila.*
- Zones surpâturées: *Chloris spp., Microchloa indica, Thelepogon elegans, Tripogon minimus.* – Sols alcalins: *Brachiaria deflexa, Chrysochloa hindsii, Chloris lampropaRia, C. prieurii, Digitaria longiflora, Sporobolus iocladus.*
- Galeries foresti ères, hautes graminées isolées: *Heteropogon melanocarpus, Rottboellia cochinchinensis, Setaria barbata.* Sols alluviaux: *Echinochloa spp., Setaria sphacellata.* – Sols argileux: *Andropogon pinguipes, Brachiaria serrifolia, Eragrostis namaquensis, Leptochloa caerulescens, Panicum subalbidum, Sehima ischaemoides, Sorghum purpureo-sericeum.*
- Zones humides, mares temporaires: *Acroceras amplectens, Eriochloa fatmensis.* – Zones d'inondation: dominées par *Andropogon spp., Bothriochloa bladhii, Brachiaria lata, B. mutica, Digitaria acuminatissima, Hyparrhenia spp., Panicum antidotale, Phacelurus congoensis, Sorghum purpureo-sericeum, Vetiveria nigritana, V. fulvibarbis.* – Jachère: *Acroceras amplectens, Chloris pilosa, Digitaria nuda, Imperata cylindrica.* – Lits des rivières: *Panicum anabaptistum, Pennisetum macrourum, P. purpureum, Phragmites australis, Saccharum spontaneum.*
- Pentes des collines: *Andropogon gayanus, Brachiaria comata, Hyparrhenia involucrata, Ischaemum amethystinum, Panicum callopus, Pennisetum polystachion, Sehima ischaemoides.*
- Montagnes: les savanes sur les monts Mandara ont une composition semblable à celle de la zone soudano-sahélienne: beaucoup de surpâturage, espèces nombreuses: *Andropogon pseudapricus, Brachiaria jubata, Echinochloa callopus, Eriochrysis pallida, Heteropogon contortus, Hyparrhenia filipendula, Loudetia annua, Melinis repens, Pennisetum pedicellatum, Sporobolus indicus pyramidalis, Thelepogon elegans.*
- Lisières des marécages: *Digitaria acuminatissima, Panicum paucinode, Schizachyrium brevifolium.* – Zone d'inondation du bassin Faro-Bénoué: *Hyparrhenia glabriuscula, Hemarthria altissima, Phacelurus congoensis, Schizachy-*

rium schweinfurthii, Vetiveria fulvibarbis. – Zones hydromorphes: *Tristachya thollonii.*

Les espèces communes aux zones soudano-sahélienne et médio-soudanienne sont: *Anadelphia afzeliana, Diheteropogon amplectens, Hyparrhenia barteri, Schizachyrium nodulosum, S. schweinfurthii, S. urceolatum.*

La transition des zones soudano-sahélienne et medio-soudanienne est caractérisée par *Loxodera ledermannii.* Cette transition est aussi la limite méridionale de *Aristida adscensionis, Cenchrus biflorus, Chloris lamproparia, C. prieurii, Panicum anabaptistum* et *Schoenefeldia gracilis.*

5.2.6. *Secteur médio-soudanien*

Les savanes du secteur médio-soudanien sont bien développées. Traditionellement elles étaient protégées par la présence des mouches tsétsé et récemment dans des grands parcs nationaux et zones de chasse.

Le secteur medio-soudanien est à subdiviser en trois zones: A/ une zone septentrionale, au nord du plateau de l'Adamaoua B/ une zone méridionale au Nord de Nkambé et C/ une zone de montagnes.

A/ Zone septentrionale

La végétation typique y est une savane arborée, atteignant plus de 10 m de haut. Elle est facilement pénétrable malgré le sous-bois assez dense et un couverture fermé de hautes *Andropogoneae.* De grandes surfaces sont protégés dans les parcs nationaux et réserves de faune. Il n'y a pas de zones étendues d'inondation. La présence humaine est encore dispersée.De grands projets de développement (NE Bénoué, Sodecoton) et l'éradication des mouches tsétsé ont entrainé l'installation de nombreux migrants.

Espèces caractéristiques de cette zone sont: *Anadelphia afzeliana, Digitaria barbinodis, D. nuda, Diheteropogon amplectens, D. grandiflorus, Elionurus hirtifolius, E. ciliaris, Hyparrhenia barteri, H. exarmata, H. figariana, H. glabriuscula, H. violascens, Ischaemum amethystinum, Loudetia flavida, Panicum gracilicaule, Schizachyrium sanguineum, S. schweinfurthii, S. urceolatum.* Plantes rares de la zone médio-soudanienne: *Loudetiopsis kerstingii* (Touboro), *Panicum dregeanum* (Poli), *Tristachya superba, Urochloa panicoides* (Ndobinga). Espèces dominantes: *Andropogon chinensis, A. gayanus, A. pseudapricus, A. fastigiatus, A. pinguipes, A. schirensis, Cymbopogon giganteus, Diheteropogon amplectens, Hyparrhenia rufa, Hyperthelia dissoluta, Loudetia simplex, Schizachyrium sanguineum.*

Biotopes diverses:
- Sols ferrugineux couverts par une savane boisée avec une végétation graminéenne très dense, atteignant 2-3 m de haut, dominée par des pérennes, donnant en saison sèche une bonne repousse: *Andropogon chinensis, A. gayanus,*

A. schirensis, Brachiaria brizantha, Ctenium newtonii, Cymbopogon giganteum, Elionurus hirtifolius, Hyparrhenia involucrata, H. filipendula, H. subplumosa, H. barteri, H. smithiana, Hyperthelia dissoluta, Imperata cylindrica, Loudetia simplex, Loxodera ledermannii, Panicum gracilicaule, Schizachyrium sanguineum, Sorghastrum bipennatum. – Sous-végétation: *Microchloa indica, Sporobolus festivus, Tripogon minimus.* – Sous ombrage: *Brachiaria comata, Digitaria ciliaris, Euclasta condylotricha, Hackelochloa granularis, Rottboellia cochinchinensis, Setaria barbata.*

- Inondés peu profondément en saison pluvieuse: *Anadelphia afzeliana, Andropogon canaliculatus, Pennisetum unisetum, Schizachyrium brevifolium.*
- Si surpâturée, la végétation devient ouverte et basse, les pérennes appetées disparaissant en laissant: *Chasmopodium caudatum, Cymbopogon giganteus, Eragrostis turgida, Panicum pansum, Pennisetum pedicellatum, Thelepogon elegans.*
- Jachères: *Andropogon fastigiatus, A. pseudapricus, Chloris pilosa, Digitaria gayana, D. horizontalis, D. argillacea, Eleusine indica, Eragrostis tremula, E. turgida, Hackelochloa granularis, Hyparrhenia barteri, Panicum pansum, Pennisetum pedicellatum, Thelepogon elegans.* – Anciennes jachères: *Andropogon pinguipes, A. gayanus, Hyparrhenia welwitschii, Pennisetum unisetum, Rottboellia cochinchinensis.* – Rudérale: *Andropogon fastigiatus, Brachiaria stigmatissata, B. villosa, Chloris pilosa, Dactyloctenium aegyptium, Digitaria nuda, D. gayana, D. longiflora, Eragrostis tremula, Hyparrhenia rufa, Panicum pansum, Schizachyrium exile.* – Mauvaises herbes: *Digitaria nuda, D. horizontalis, Eragrostis aspera, E. cilianensis, E. turgida, E. ciliaris, Panicum pansum.*
- Lithosols, végétation ouverte de hautes pérennes à feuilles basales: *Andropogon chinensis, Ctenium newtonii, Brachiaria brizantha, Hyparrhenia smithiana, H. filipendula, Loudetia arundinacea, L. flavida, Panicum phragmitoides.* – Cuirasses, végétation ouverte: *Andropogon chinensis, A. pseudapricus, Brachiaria jubata, Ctenium newtonii, Loudetia annua, L. flavida, Microchloa indica, Rhytachne triaristata, Sporobolus microprotus, S. festivus et Tripogon minimus.*
- Sols sablonneux; végétation pauvre àpérennes et annuelles: *Andropogon pinguipes, Aristida kerstingii, Diheteropogon amplectens, Loudetia annua, L. hordeiformis, L. simplex, Hyparrhenia welwitschii, H. barteri, H. filipendula.* – Sur gravillons aussi: *Elionurus ciliaris, Hyparrhenia violascens, Schizachyrium nodulosum* et *S. urceolatum.* – Bords de routes: *Andropogon pseudapricus, A. pinguipes, Digitaria gayana, Elionurus hirtifolius, Schizachyrium exile, Thelepogon elegans.* – Collines: *Brachiaria rotundiflora, Leersia drepanothrix, Sporobolus infirmus, S. piliferus, Tripogon minimus.*
- Galeries forestières: *Euclasta condylotricha, Heteropogon melanocarpus, Oplimenus burmannii, O. hirtellus, Pennisetum unisetum, Setaria barbata.* – Basfonds, végétation haute et dense: *Chasmopodium caudatum, Ischaemum amethystinum, Loudetia arundinacea, Panicum baumanii.* – Flaques d'eau et bord des marécages: *Eragrostis atrovirens, E. turgida, Panicum paucinode, Schizachyrium brevifolium, Setaria pumila.* – Marécages et tourbières, végétation haute et dense de pérennes: *Anadelphia afzeliana, Andropogon canalicula-*

tus, A. gayanus, Digitaria diagonalis, Eragrostis atrovirens, Eriochrysis brachypogon, Hyparrhenia bracteata, H. cyanescens, H. exarmata, H. mutica, H. rufa, Leersia hexandra, Loudetia phragmitoides, L. simplex, Loudetiopsis kerstingii, Oryza longistaminata, Panicum fluviicola P. lindleyanum, Parahyparrhenia annua, Paspalum scrobiculatum, Pennisetum polystachion, Rhytachne rottboellioides, Sacciolepis africana, S. micrococca, Phacelurus congoensis, Phragmites australis, Sacciolepis micrococca, S. chevalieri, Schizachyrium schweinfurthii, Tristachya thollonii, Vetiveria nigritana.

- Zones d'inondation et lacs: *Anadelphia afzeliana, Andropogon canaliculatus, Brachiaria mutica, Eragrostis atrovirens, Hyparrhenia exarmata, H. rufa, Panicum anabaptistum, P. fluviicola, Phacelurus congoensis, Schizachyrium brevifolium, S. schweinfurthii, Setaria sphacellata, Vetiveria fulvibarbis, V. nigritana, Vossia cuspidata.* – Lits des rivières: *Chloris robusta, Eragrostis atrovirens, Pennisetum macrourum, Phragmites australis.*

B/ Zone méridionale au Nord de Nkambé.

Keay (1979) et Hawkins & Brunt (1965) ont fourni quelques indications sur la végétation: *Andropogon tectorum, Hyparrhenia spp.* Il y a des bambuseraies à *Oxytenanthera abyssinica.*

C/ Zone des montagnes soudaniennes (monts Alantica, monts Poli, mont Tchollirá), (submontagnard 1200-2000 m).

Elle fait partie de l'étage submontagnarde du domaine guinéo-congolais. Les sommets des montagnes sont fortement pâturés de l'absence de glossines et dégradée. On y trouve donc une prairie herbeuse. Les pentes sont localement couvertes des savanes boisées et entrecoupées par des galeries forestières.

Espèces caractéristiques: *Bewsia biflora, Loudetiopsis trigemina* et des espèces en commun avec le plateau de l'Adamaoua: *Panicum praealtum, Trachypogon spicatus et Urelytrum agropyroides* et avec le plateau occidental: *Panicum pusillum, Themeda triandra.*

- Pentes des montagnes, pistes et crêtes plus ou moins dégradées ou de la savane boisée: *Andropogon africanus, A. chinensis, A. schirensis, Brachiaria brizantha, Elymandra androphila, Eragrostis atrovirens, Euclasta condilotricha, Hyparrhenia bracteata, H. diplandra, H. filipendula, H. smithiana, H. subplumosa, Melinis minutiflora, Loudetia simplex, Panicum callosum, Schizachyrium sanguineum.*
- Végétation fortement pâturée des sommets: *Digitaria pseudodiagonalis, D. ternata, Loudetiopsis trigemina, Melinis macrochaeta, Panicum grifonii, Trachypogon spicatus, Trichopteryx elegantula.* – Marécages: *Melinis minuta, Mnesithea afraurita, Sacciolepis typhura.*

5.2.8. Falaise septentrionale du plateau de l'Adamaoua

- La falaise du plateau de l'Adamaoua a une grande importance pour la phytogéographie du Cameroun. Plusieurs espèces ont leur limite méridionale vers celle-ci, quelles ne la dépassent pas: *Andropogon pseudapricus, Brachiaria lata, Echinochloa rotundiflora, Hyperthelia dissoluta, Oryza barthii, Panicum antidotale, Sporobolus microprotus, S. festivus, Vetiveria nigritana.* Certains taxons sont communes dans le Nord mais rares sur le plateau: *Acroceras amplectens, Andropogon chinensis, Brachiaria mutica, B. stigmatissata, Cymbopogon giganteus, Echinochloa colona, E. obtusiflora.* D'autres sont surtout limitées aux bassins de la Bénoué et du Logone: *Brachiaria mutica, Digitaria acuminatissima, Echinochloa stagnina, Hyparrhenia exarmata, Ischaemum afrum, Panicum fluviicola, Sporobolus iocladus, Vossia cuspidata.*

Il y a beaucoup d'espèces en commun entre les savanes sahélo-soudaniennes, soudaniennes et guinéennes, y compris le plateau comme: *Brachiaria brizantha, B. jubata, Panicum nervatum, Pennisetum unisetum* et dans les plantes rudérales: *Brachiaria comata, Digitaria longiflora, D. ternata.*

- Savanes médio-soudaniennes et de l'Adamaoua, aussi du Nord-Ouest: *Alloteropsis semialata, Brachiaria mutica, Digitaria diagonalis, Hyparrhenia cyanescens, H. filipendula, H. mutica, H. niariensis, Parahyparrhenia annua, Sacciolepis micrococca.*
- Collines médio-soudaniennes du plateau et du Nord-Ouest: *Aristida recta, Isachne angolense, Melinis macrochaeta, Oxytenathera abyssinica.*
- Savanes soudaniennes, savanes du plateau et savanes guinéo-soudaniennes: *Andropogon africanus, A. schirensis, Arthraxon micans, Brachiaria brizantha, Coelorhachis afraurita, Digitaria abyssinica, D. debilis, D. diagonalis, Hyparrhenia bracteata, H. smithiana var. major, H. welwitschii, H. subplumosa, Loudeta arundinacea, L. phragmitoides, Melinis tenuissimus, Panicum phragmitoides, Sorghastrum bipennatum, Sacciolepis chevalieri, S. indica pyramidalis.* – Espèces s'étendant jusqu'en forêt humide: *Chloris pycnothrix, Hyparrhenia diplandra, Imperata cylindrica, Microchloa kunthii, Panicum brevifolium, Rhytachne rottboellioides, Sporobolus infirmus.*

5.2.9. Secteur soudano-guinéen d'altitude (plateaux de l'Adamaoua et du Nord-Ouest)

La flore est une transition des domaines soudano-zambézien et guinéo-congolais. Elle est en plus déterminée par une altitude de 900-1500 m. Elle est relativement riche, surtout sur les cuirasses vers l'Est de Ngaoundéré avec des microbiotopes particuliers.

Le plateau d'Adamaoua est une zone importante de pâturage. La végétation prédominante est constituée par des savanes arborées et boisées à grandes pérennes cespiteuses, surpâturées et localement dégradées vers l'Est. Les vallées sont parfois profondément entrecoupées par des galeries forestières bien développées.

La physionomie et la composition floristique des savanes soudano-guinéennes sont fort variées, suivant le degré des pressions culturales et pastorales avec tous les intermédiaires entre les zones constamment surpâturées et les savanes herbeuses non pâturées au Sud du plateau (Letouzey, 1985).

Du point de vue phytosociologique les groupements de savane sont en perpétuelle évolution sous l'influence des deux facteurs principaux: le pâturage et les feux (Tibui, 1984).

Espèces caractéristiques: *Cymbopogon densiflorus, Echinochloa callopus, Digitaria leptorhachis, Eragrostis pobeguinii, Habrochloa bullockii, Hyparrhenia familiaris, H. newtonii, Loudetia coarctata, L. furtiva, Panicum haplocaulos, Sacciolepis ciliocincta, Schizachyrium delicatum.* Les plantes rares sont: *Alloteropsis angusta, Andropogon laxatus, Digitaria compressa, Leersia nematostachys et L. tisserantii.* Espèces communes: *Panicum phragmitoides* est l'espèce dominante des savanes naturelles sur sols ferralitiques de l'Adamaoua avec *Schizachyrium brevifolium* et *Hyparrhenia filipendula*; Tibui (1984) ajoute *Urelytrum sp.* D'autres groupements sont dominés par *Andropogon gayanus, A. schirensis, Brachiaria brizantha, Hyparrhenia diplandra, H. rufa, Loudetia arundinacea, L. simplex.*

Biotopes divers:

- Savanes: *Hyparrhenia diplandra, H. quarrei, H. cyanescens, H. smithiana.* – Zones surpâturées: souvent des annuelles, avantagées par une pâture au prix des pérennes appétées: *Brachiaria brizantha, Chloris pycnothrix, Digitaria longiflora, Hyparrhenia diplandra, H. familiaris, H. filipendula, Panicum baumannii, Panicum nervatum, Rottboellia cochinchinensis, Sorghastrum bipennatum, Sporobolus paniculatus, S. pyramidalis, Urelytrum digitatum.*
- Dans les jachères: *Andropogon pseudapricus, Imperata cylindrica, Pennisetum polystachion, P. unisetum*; fortement piétinées: *Chloris pycnothrix, Cynodon dactylon, Eleusine indica, Eragrostis gangetica, Sporobolus molleri* (Tibui, 1984). – Anciennes jachères: *Hyparrhenia rufa, Andropogon gayanus.* – Rudérale: *Melinis repens.*
- Sols granitiques, ou riches en éléments grossiers, cuirasses: *Andropogon schirensis, Brachiaria deflexa, Ctenium newtonii, Echinochloa colona, Eragrostis scotelliana, Loudetia simples, L. annua, Panicum brazzavillense, Parahyparrhenia annua, Pennisetum hordeoides, Sporobolus spp., Trachypogon chevalieri.* – Galéries: *Andropogon tectorum, Arthraxon micans, Coelorachys afraurita, Hyparrhenia cymbaria, H. welwitschii, Panicum grifonii, Schizachyrium brevifolium.* – Vallons forestiers: *Leptaspis zeylanica, Olyra latifolia, Oplimenus burmannii, Pseudoechinolaena polystachya, Setaria megaphylla, Streptogyna crinita.* – Mares temporaires: *Andropogon africanus, A. canaliculatus, Echinochloa callopus, Eragrostis scotelliana, Leersia tisserantii, Panicum brazzavillense, P. haplocaulos, Sacciolepis ciliocincta, S. indica, Sporobolus piliferus, Trachypogon spicatus.* – Petits cours d'eau: *Isachne angolensis, Parrahyparrhenia annua.* – Prairie hydromorphe: *Coelorachys afraurita, Hyparrhenia rufa, H. bracteata, Loudetia phragmitoides, Oryza longistaminata, Panicum porphyrhizos, P. coloratum, Sacciolepis typhura, Schizachyrium schweinfurthii, Setaria sphacellata.* – Lisière: *Eriochrysis brachypogon, Panicum brazzavillense.* – Milieux aquatiques stagnants: *Brachiaria mutica, Echinochloa stagnina, Leersia hexandra, Sacciolepis spp.*

Zone soudano-guinéenne du Nord-Ouest

Dominée par des savanes à recouvrement ouvert et taille des ligneux variable. Espèces caractéristiques: *Echinochloa crus-pavonis, Themeda triandra. Espèces communes*: *Hyparrhenia diplandra, H. rufa* avec *Andropogon schirensis, Elymandra androphila, Eragrostis volkensii, Imperata cylindrica, Loudetia arundinacea, L. simplex, Panicum phragmitoides* (Kouonmenioc, 1990).

5.3. Région afro-montagnarde (plateau occidental)

Letouzey (1985) indique une altitude moyenne de 2000 m pour la limite inférieure de la région afro-montagnarde mais soumise à l'influence océanique dans le sud on trouve la limite déjà vers 1800 m. La région afro-montagnarde peut être subdivisée en deux secteurs, avec une limite moyenne autour de 3000 m d'altitude séparant les étages afro-subalpin et afro-montagnard.

5.3.1. Etage subalpin

L'étage subalpin s'étend au-dessus de 3000 m d'altitude. Portères (1946) y inclut les hauts sommets des monts Bamboutos au-dessus de 2400 m.

Espèces caractéristiques sont: *Deschampsia mildbreadii, Pentaschistis mannii. Espèces communes*: *Aira caryophyllea, Andropogon mannii, Deschampsia mildbreadii, Festuca abyssinica, Koeleria capensis, Sporobolus montanus.*

Agrostis mannii, Festuca abyssinica, Hypseochloa cameroonensis, Pentaschistis mannii, Poa leptoclada arrivent jusqu'au sommet du mont Cameroun.

Les pâturages du mont Oku sont dominés par *Sporobolus indicus* var. *capensis* (Letouzey, 1985). D'autres espèces proviennent de l'étage montagnard: *Agrostis mannii, Andropogon amethystinus, Festuca abyssinica, F. mekiste, Helictotrichon mannii.*

5.3.2. Etage montagnard

La caractérisation de cet étage (1800-2800 m) se fait à partir des espèces typiques en excluant l'étage occupé par les espèces subalpines. L'étage montagnard comprend aussi le Tchabal Mbabo (2460 m), et les sommets des monts Poli (2049 m) et monts Alantica (1885 m). Espèces caractéristiques: – Sciaphiles: *Acritochaete volkensii, Poecilostachys oplismenoides, Streblochaete longiarista.* – Héliophiles: *Agrostis mannii, A. quinqueseta, Andropogon amethystinus, A. distachyos, A. lima, A. mannii, A. pusillus, Bromus leptocladus, Eragrostis volkensii, Festuca chodatiana, F. mekiste, Helictotrichon longatum, H. mannii, Poa annua, P. schimperana, Sinarundinaria alpina, Vulpia bromoides.*

- Espèces aussi subalpines: *Hypseochloa cameroonensis* et aussi submontagnardes: *Ctenium ledermannii, Panicum acrotrichum, Pennisetum monostigma, P. trachyphyllum, Trichopteryx elegantula, Sporobolus indicus var. capensis, S. montanus, Tripogon major. Loudetia simplex* descend même plus bas.

Pour le Tchabal Mbabo de l'Adamaoua Jacques-Félix, 1971, note que la végétation est dominée par *Sporobolus indicus* var. *capensis* et mentionne en plus *Agrostis quinqueseta, Aira caryophyllea, Helictotrichon mannii* et *Hyparrhenia pusilla*, et sur les rochers: *Ctenium ledermannii, Eragrostis mokensis, Pennisetum monostigma, Tripogon major, Urelytrum agropyroides* et dans les galéries *Acritochaete volkensii.*

Les pâturages des hauts plateaux de Bamboutos, Bamenda, Bambui et Oku au-dessus de 1500 m sont parcourus pendant la majeure partie de l'année par de grands troupeaux de zébus (e.a. Engrif, 1987; Kouonmenioc, 1990; Portères, 1946). Les pâturages sont dominés par *Sporobolus indicus* var. *capensis* avec *Hyparrhenia smithiana et Pennisetum clandestinum.* Sous un régime des feux et surpâturage les graminées sont remplacées par la fourgère aigle, *Pteridium aquilinum.*

Sur les monts Poli on reconnaît *Loudetiopsis trigemina* et *Urelytrum agropyroides* comme espèces de cet étage.

Letouzey, 1985 donne pour les forêts montagnards très dégradés et les taillis subarbustifs du plateau de l'Adamaoua et parfois des monts de Poli et Alantica: *Acritochaete volkensii, Agrostis quinqueseta, Andropogon pusillus, Panicum acrotrichum, Tripogon major.*

Dans l'étage montagnard de Cameroun occidental on distingue:

A/ La partie Nord, caractérisée par: *Trichopteryx marungensis, Sinarundinaria alpina, Hyparrhenia umbrosa.* – Autour de Bamenda, les savanes sont arbustives ou arborées, surpâturées. En saison sèche on y trouve un tapis de courtes pérennes: *Andropogon tectorum, Eragrostis atrovirens, Hyparrhenia cymbaria, H. diplandra, Melinis spp., Setaria longiseta, S. sphacellata.*

Sur le mont Oku entre 2600 et 2800 m d'altitude, il y a des bambusaies à *Sinarundinaria alpina* parfois pures ou comme sous-bois arbustif de la forêt montagnarde (Engrif, 1987; Letouzey, 1985).

B/ La partie Sud (mont Bamboutos-mont Cameroun) avec: *Andropogon distachyos, A. mannii, Festuca abyssinica, Helictotrichon mannii, Isachne mauritiana, Panicum monticola.* Sur les monts Bamboutos il y a des prairies à *Themeda triandra* à partir de 800 m. Les feux facilitent l'extension des savanes à *T. triandra* et *Heteropogon contortus* (Portères, 1946). Portères donne *Diheteropogon grandiflorus* comme espèce dominante mais il n'y a pas de collections provenant de cette région.

C/ Le mont Cameroun, tapis graminéen des pérennes cespiteuses sur pédestal: *Andropogon distachyos, A. mannii, Deschampsia mildbreadii, Hypseochloa cameroonensis, Koeleria capensis, Microstegium vimineum, Pentaschistis pictigluma, Vulpia bromoides.* On trouve *Andropogon pusillus* dans l'étage montagnard du Tchabal Mbabo et du mont Cameroun.

5.4. Région congo-guinéenne

La flore graminéenne du domaine guinéo-congolais est mal connue. Dans la région soudano-zambézienne les espèces graminéennes sont subdominantes, mais ici les graminées se trouvent souvent dans les endroits secondaires et uniformes qui offrent peu d'intérêt aux botanistes. On y distingue quatre secteurs: secteur submontagnard, secteur guinéo-soudanien, secteur atlantique et secteur camerouno-congolais. Espèces caractéristiques sont toutes des espèces de la forêt secondaire: *Paspalum conjugatum, Cyrtococcum chaetophoron* et *Leptaspis zeylanica.*

5.4.1. Secteur submontagnard

Le secteur submontagnard s'étend de 1000-2000 m d'altitude, vers le Nord jusqu'aux montagnes de Poli et Alantica, y compris mèmes les montagnes de Ngoro au Nord de Bafia et les petites montagnes à l'Ouest de Yaoundé; Les collines dans la forêt dense atteignant ou même depassant quelque 1000 m (Lolodorf, Nyabisa, Ebolowa et Djoum). Dans les monts Mandara (-1300 m) il n'y a pas de graminées spécifiques.

- Région d'altitude: *Agrostis quinqueseta, Aira caryophyllea, Ctenium ledermannii, Hyparrhenia familiaris, H. hirta, H. newtonii, Melinis repens, Panicum acrotrichum, P. calvum, P. hochstetteri, P. pusillum, Sporobolus subulatus, S. indicus* var. *capensis, Urelytrum digitatum.* – Plantes sciaphiles: *Panicum acrotrichum, P. hochstetteri, P. monticola, P. pusillum, Poecilostachys oplismenoides.* – Forêt dégradée avec des annuelles: *Digitaria abyssinica, Eragrostis tenuifolia, Panicum hochstetteri, Paspalum spp., Pennisetum trachyphyllum, Poa annua, Setaria poiretiana.* – Dans le Nord bambusaies à *Oxytenanthera abyssinica,* dépassant rarement 1300 m d'altitude. – Prairies submontagnards: *Andropogon distachyos, A. pusillum, Coelorhachys afraurita, Ctenium ledermannii, Echinochloa crus-pavonis, Eragrostis cameroonensis, Hyparrhenia spp., Loudetia phragmitoides, Rhytachne rottboellioides, Setaria sphacellata, Sporobolus mauritianus, Trichopteryx elegantula, T. marungensis.*
- Sur les monts Poli et le plateau occidental: *Themeda triandra, Urelytrum agropyroides.* – Plateaux de l'Adamaoua et occidental: *Alloteropsis paniculata, Arundinella pumila, Ctenium ledermannii Elionurus muticus, Hyparrhenia cymbaria, Melinis effusa, Monocymbium ceresiiforme, Oxyrhachis gracillima, Panicum ecklonii, P. hymeniochilum, Trachypogon chevalieri* (cuirasse). NE de Bamenda *Andropogon lacunosus.*
- Sur les monts Bamboutos-mont Cameroun: *Festuca abyssinica, Helictotrichon mannii, Isachne mauritiana, Panicum monticola, Poa leptoclada.* Sur les monts Bamboutos *Ctenium canescens, Digitaria diagonalis, Hyparrhenia rufa, Setaria sphacellata, Sporobolus indicus* var. *capensis*; vers le pied *Imperata cylindrica* et *S. indicus* var. *pyramidalis.* – Mont Cameroun: *Andropogon distachyos, A. mannii, Brachiaria plantaginea, Deschampsia mildbreadii, Hypseochloa cameroonensis, Koeleria capensis, Microstegium vimineum, Pentaschistis pictigluma, Vulpia bromoides.*

– Espèces soudaniennes submontagnardes: *Alloteropsis semialata, Aristida recta, Brachiaria mutica, Digitaria diagonalis, Isachne angolense, Hyparrhenia cyanescens, H. filipendula, H. mutica, H. niariensis, Melinis macrochata, Sacciolepis micrococca.*

Hawkins & Brunt (dans Letouzey, 1985) donnent pour les prairies marécageuses et péridiodiquement inondées d'altitude: *Digitaria abyssinica, Eragrostis tenuifolia, Hyparrhenia bracteata, H. cymbaria, H. rufa, Hyperthelia dissoluta, Imperata cylindrica, Paspalum scrobiculatum, Pennisetum hordeoides, P. polystachion, P. purpureum, Sporobolus indicus* var. *pyramidalis.* Sur le plateau basaltique de mont Oku: *Andropogon lacunosus, Coelorhachis afraurita, Echinochloa crus-pavonis, Hyparrhenia spp., Loudetia phragmotoides, Rhytachne rottboellioides, Trichopteryx sp.*

5.4.2. Secteur guinéo-soudanien

Le secteur guinéo-soudanien est un secteur de transition avec deux zones: périforestière et forestière semicaducifoliée: Espèces communes: *Andropogon gayanus, A. schirensis, A. tectorum, Oplismenus burmannii, Panicum parvifolium, Pennisetum hordeoides, P. polystachion, P. purpureum, P. unisetum, Schizachyrium brevifolium.*

Hyparrhenia diplandra couvre la cuvette de Congo, frangeant partout marginalement la forêt et elle s'est étendue sur l'ancien emplacement de la forêt dense. Elle caractérise une bande écologique entre la forêt et les savanes et est entretenue par les feux (Portères, 1951).

5.4.3. Savanes périforestières

Les savanes périforestières entrent dans la frange septentrionale de la forêt humide vers le 5 degré Nord et retombent vers le Nord dans les vallées du Mbam et Sanaga; aussi vers l'Ouest de Nkambé. Savanes herbeuse ou arbustives, entrecoupées des ilôts de la forêt dense et des galeries forestières, et des tâches de recrues.

La zone est mal connue et mérite d'être prospectée plus sérieusement. Espèces caractéristiques: *Brachiaria serrata, Leersia triandra, Loudetiopsis trigemina, Urelytrum giganteum, Rottboellia purpurascens.*

Espèces dominantes sur les savanes arborées et boisées: les hautes pérennes forment une strate fermée; après les feux de brousse elles donnent de bonnes repousses: *Hyparrhenia diplandra, H. rufa, Panicum phragmitoides.*

Biotopes divers:

– Le long des routes on trouve de grandes pérennes: *Andropogon tectorum, Panicum maximum, Pennisetum purpureum.* – Ailleurs *Axonopus flexuosus, Andropogon fastigiatus, Imperata cylindrica.*
– Les savanes dans la région Mbam Sanaga: *Sorghastrum bipennatum, Urely-*

trum giganteum et dans les dépressions marécageuses du Mbam Sanaga: *Loudetiopsis ambiens, Vetiveria nigritana, Leersia hexandra, Sacciolepis africana, Heteranthoecia guineensis, Tristachya thollonii* avec *Ctenium newtonii, Loudetia phragmitoides.*

- Sur les lithosols: *Loudetia simplex.* – Dans les jachères un développement dense d'*Imperata cylindrica* et en plus *Hyparrhenia rufa, Pennisetum purpureum.* – Dans les prairies: *Sporobolus myrianthus.*
- Sur le plateau du NordOuest autour de Nkambé-Wum dans les savanes souvent surpâturées: *Digitaria diagonalis, Hyparrhenia diplandra, Panicum phragmitoides, Urelytrum digitatum.*

- Espèces en commun des zones soudaniennes et savanes périforestières: *Echinochloa crus-pavonis, Elymandra androphila, Melinis minutiflora, Schizachyrium platyphyllum.* Dans les prairies marécageuses: *Andropogon tenuiberbis, Digitaria atrofusca, Heteranthoecia guineensis, Hyparrhenia bracteata, H. exarmata, H. mutica, H. rufa, Loudetia furtiva, L. phragmitoides, Mnesithea afrarita, Panicum brazzavillense, P. pilgeri, Schizachyrium brevifolium, Setaria sphacellata, Tristachya thollonii, Vetiveria fulvibarbis.*

5.4.4. Zone forestière semicaducifoliée

La végétation typique de la zone forestière semicaducifoliée est une forêt semidécidue, souvent dégradée en savane. Espèces caractéristiques: *Axonopus flexuosus, Ichnanthus pallens* var. *major, Cyrtococcum chaetophoron, Leptaspis zeylanica, Paspalum conjugatum, Perotis indica.* Espèces communes: sous-bois, jachères et le long des routes: *Andropogon tectorum, Centotheca lappacea, Cyrtococcum chaetophoron, Olyra latifolia, Oplismenus hirtellus* et les héliophyles: *Oplismenus burmanni, Setaria barbata* et *S. megaphylla.* – Savanes: *Hyparrhenia diplandra, H. rufa, Pennisetum purpureum.* – Sur cuirasse: *Ctenium newtonii, Hyparrhenia spp., Loudetia simplex, L. phragmitoides, Sporobolus spp.*

5.4.5. Forêt dense humide sempervirente

La forêt dense sempervirente englobe deux secteurs, le secteur atlantique et le secteur camerouno-congolais. Espèces caractéristiques de l'ensemble sont des espèces des endroits secondaires: *Acroceras gabunense, Axonopus compressus, Digitaria fuscescens, Isachne buettneri, Paspalum paniculatum, Schizachyrium maclaudii.*

Biotopes divers:
- Le long des pistes: *Acroceras zizanoides, Andropogon auriculatus, Axonopus compressus, Chloris pycnothrix, Coix lacryma-jobi, Digitaria abyssinica, D. debilis, D. fuscescens, D. radicosa, Eragrostis tenuifolia, E. tremula, Ischaemum indicum, I. timorense, Panicum maximum, Paspalum conjugatum, P. paniculatum, Pennisetum polystachion, Perotis indica, Setaria barbata, Sorghum arun-*

dinaceum, Sporobolus indicus var. *pyramidalis.* – Rudérale: *Chloris pycnothrix, Eragrostis tenuifolia, E. tenella.* – Dégradée: *Pennisetum purpureum.* Mauvaises herbes des cultures: *Acroceras zizanoides, Axonopus compressus, Digitaria fuscescens, D. horizontalis, Echinochloa colona, Eleusine indica, Paspalum conjugatum, P. paniculatum, P. scrobiculatum, Pennisetum purpureum, Perotis indica, Rottboellia cochinchinensis, Setaria megaphylla, Sporobolus indicus* var. *pyramidalis.*

5.4.6. *Secteur atlantique*

Le secteur atlantique est couvert par la forêt dense humide sempervirente. Espèces caractéristiques: *Microcalamus barbinodis, Guaduella spp., Panicum comorense, Puelia spp.* Dans la partie méridionale: *Andropogon auriculatus, Hyparrhenia wombaliensis, Maltebrunia letestui, Megastachya mucronata.* Dans la partie Nordouest: *Guaduella humilis.*

Biotopes divers:
- La côte, plages: *Antephora cristata, Chloris inflata, Chrysopogon aciculatus, Eragrostis squamata, Ischaemum indicum, Paspalum vaginatum, Phragmites sp., Schizachyrium pulchellum, Sporobolus robustus, S. tenuissimus, Stenotaphrum secundatum.* A l'ombre: *Megastachya mucronata, Panicum brevifolium. Schizachyrium pulchellum* est seulement trouvée près de la Sanaga à l'Est de Douala. On y trouve des espèces rudérales, aussi présentes dans le Nord: *Chloris pilosa, Digitaria ciliaris, Eragrostis ciliaris, Hyparrhenia rufa.* La zone biaffréenne autour de Douala: *Panicum laxum*

Dans les zones d'inondation et les prairies aquatiques du Nord et de la zone atlantique: *Echinochloa colona, E. pyramidalis, Schizachyrium sanguineum.*

5.4.7. *Secteur camerouno-congolais*

Le secteur camerouno-congolais est couvert par la haute forêt dense humide souvent avec quelques arbres caducifoliés. Dans la forêt on trouve les graminées dans le sous bois. Ces graminées ont souvent de larges feuilles vert foncé. Elles sont présentes toute l'année mais fleurissent rarement. Le long des cours d'eau en forêt dense il y a des graminées caractéristiques du secteur mais le long des pistes et dans les jachères on trouve des espèces secondaires.

Espèces caractéristiques pour le secteur: *Isachne kiyalaensis, Ottochloa arnottiana, Panicum sadinii, Streptogyna crinita.*

Espèces communes: *Axonopus compressus, Panicum brevifolium, P. maximum, Paspalum conjugatum, P. paniculatum, Setaria megaphylla, Sporobolus pyramidalis.*

Biotopes divers:
- Espèces sciaphiles de la haute forêt, partie de la strate herbacée de la forêt,

fleurissant rarement, pérennes: *Ichnanthus vicinus, Leptaspis cochleata, Megastachya mucronata, Streptogyne crinita.*

- Les courtes graminées pérennes, dressées ou rampantes le long des ruisseaux: *Entolasia olivacea, Isachne buettneri, Ottochloa arnottiana, Panicum brevifolium, P. mueense, P. sadinii.*
- Rochers exposés dans la forêt (Inselbergs), sommet couvert d'une couche superficielle des herbes basses: *Eragrostis scotelliana, E. raynaliana, Loudetia simplex, Panicum brevifolium, Rhytachne rottboellioides, Sporobolus myrianthus, S. festivus.*
- Légèrement sciaphiles, souvent forêt secondaire: *Centotheca lappacea, Cyrtococcum chaetophoron, Isachne buettneri, Olyra latifolia, Oplismenus hirtellus, Ottochloa arnottiana, Panicum brevifolium, P. sadinii, Paspalum conjugatum, P. paniculatum, Pseudoechinolaena polystachya, Streptogyna crinita.* – Bas-fonds: *Hyparrhenia diplandra, Isachne kiyalensis.* – Zones d'inondation: *Digitaria atrofusca, Leersia hexandra, Oryza longistaminata, Panicum parvifolium, Setaria sphacellata.* – Prairie herbeuse: *Isachne buettneri.*

5.5. Graminées cultivées

Plusieurs espèces des graminées sont introduites comme céréale, plante fourragère ou plante ornamentale. Plusieurs espèces sont introduites depuis longtemps déjà et sont devenues une partie de la flore locale comme *Bambusa vulgaris* et *Coix lacryma-jobi.*

5.5.1. Graminées céréales

Les céréales principales des domaines sahélien et soudanien sur presque tous les sols mais surtout les sols ferrugineux et les vertisols sont le (grand) mil ou sorgho (*Sorghum bicolor*), du domaine sahélien le mil à chandelle (*Pennisetum glaucum*), du domaine guinéo-congolais, sur les andosols et sols ferralitiques le maïs (*Zea mays*) et un peu partout sur les sols hydromorphes mais surtout dans les bas-fonds et zones d'inondation du Nord et du Mbam, du Noun et du Sanaga: le riz (*Oryza sativa*). Ce riz asiatique a remplacé presque partout le riz indigène (*O. glaberrima*). Le sorgho a plusieurs variétés, cultivées selon les régions et les sols; très connue est le moushkwari des sols d'inondation du Nord et de l'Extrême Nord.

Le sorgho constitue la céréale principale du plateau de l'Adamaoua et du Nord. La superficie cultivée se chiffre à 360.660 ha ou 67,5% de la superficie totale en culture pour 1974 (Westphal, 1981) et 470.000 ha en 1988 (FAO, 1989). La production totalisait 410.000 tonnes (FAO, 1989).

Le maïs (*Zea mays*) est la céréale principale des zones forestières et périforestières et constitue l'aliment de base dans les régions d'altitude, mais on le trouve aussi sur le plateau de l'Adamaoua et dans la vallée de la Bénoué. Le FAO

(1989) donne une récolte de 380.000 tonnes sur 450.000 ha pour 1988.

Les céréales locales d'une moindre importance sont: *Digitaria exilis, D. iburua, Eleusine coracana, Oryza glaberrima.*

Eleusine coracana est surtout cultivée dans les montagnes de Mandara et introduite ailleurs par les migrants. Elle est aussi cultivée dans la partie septentrionale de la province Nord-Ouest. Le Cameroun forme la limite occidentale de la distribution de l'*Eleusine* et l'expansion est assez récente (Portères 1955).

L'*Oryza glaberrima* est trouvé surtout autour de Garoua.

Les espèces de *Digitaria* sont surtout des céréales de ramassage. *Digitaria iburua* est trouvée sur le plateau de l'Adamaoua, cultivée par les Mbororos. Elle est fréquemment cultivée au Nigéria, Bénin et Togo. *D. exilis* (fonio) bien connue de l'Afrique occidentale est seulement connue du jardin expérimental de Nkolbisson. *Digitaria debilis* est consommée en temps de disette.

Les céréales industrielles sont le riz (*Oryza sativa*) à Maga, Yagoua et Kousseri (plaine de Logone), plaine de Mbo (Dschang) et la vallée supérieure du Noun. Le blé (*Triticum aestivum*) était cultivé sur le plateau de l'Adamaoua (Sodéblé) mais on a discontinué la culture.

Il y a deux céréales principales de recueil en temps de disette. Elles ne sont jamais cultivées: *Oryza longistaminata* et *O. barthii.* Ailleurs on consume aussi le *Panicum laetum* et *Cenchrus biflorus* (Breman pers.inf.).

En plus il y a quelques espèces graminéennes de recueil était autrefois utilisées (Malzy 1955, 1957, Westphal, 1981) mais récemment il n'y a plus d'indications d'une cuillette: *Brachiaria xantholeuca, Dactyloctenium aegyptium, Echinochloa colona, E. pyramidalis, E. stagnina, Setaria pumila, Sorghum arundinaceum.*

La canne à sucre (*Saccharum officinarum*) est cultivée dans les jardins des villages du Sud. L'homme l'utilise surtout pour sucer. Il y a des plantations industrielles de canne à sucre à Mbandjock près de la Sanaga.

5.5.2. Graminées fourragères

Presque toutes les espèces graminéennes sont consommées par le bétail, surtout quand elles sont en état jeune. Il n'existe pratiquement pas d'aménagement des espèces ou des pâturages. Quelques espèces fourragères sont introduites pour l'amélioration des pâturages par les stations fourragères de Wakwa et de Bambui. Ces espèces sont: *Brachiaria ruzuziensis, Cenchrus ciliaris*, des variétés de *Panicum maximum, Pennisetum clandestinum* et *Tripsacum andersonii.* Le *Pennisetum clandestinum* a été établi sur quelques pâturages de montagne. Aussi introduites sont *Ischaemum timorense* et *I. indicum.*

5.5.3. Graminées ornementales

Dans les clôtures des jardins des villes du Sud on plante souvent le bambou *Phyllostachys aurea*; dans le Nord *Oxytenanthera abyssinica.* Dans les jardins de tout le pays le *Cymbopogon citratus* est souvent planté comme ornementale.

Dans les pelouses du Sud on plante: *Axonopus compressus, Chrysopogon aciculatus, Paspalum conjugatum*; à Limbé à côté de la mer *Stenotaphrum secundatum* et dans le jardin botanique de Limbé *Polytrias diversiflora*. Dans les aéroports du Sud et parfois dans les jardins on voit *Chrysopogon aciculatus*.

Il y a des graminées indigènes dans le sud mais cultivées dans les gazons du Nord avec un arrosage journalier en saison sèche: *Axonopus compressus, Cynodon dactylon, Paspalum conjugatum. Paspalum notatum* est cultivé à Ngaoundéré, Bertoua et Yaoundé.

5.5.4. Graminées aromatiques

Plusieurs espèces aromatiques sont cultivées pour l'huile aromatique dont la principale est le citronelle: *Cymbopogon citratus*; également cultivée sont *C. densiflorus* (Adamaoua) et *Vetiveria zizanoides*.

5.5.5. Autres utilisations

Plusieurs espèces des grandes graminées sont très importantes pour la manufacture des nattes et pour la toiture. Normalement elles sont protégées contre les feux et pâture; rarement elles sont cultivées. Pour la fabrication des nattes le long du Logone le *Hyparrhenia rufa* y est planté.

Pour une démarcation des champs sur les plaines d'inondation du Nord et pour anti-érosion on plante le *Vetiveria nigritana*.

Partout dans le Sud le *Bambusa vulgaris* est planté pour le bois de construction; dans le Nord on voit souvent *Oxytenanthera abyssinica*.

6. PATURAGES

6.1. Introduction

Traditionellement les pâturages principaux sont surtout situés dans la zone sahélienne autour du lac Tchad, mais l'expansion de la population et le 'jihad' de la 19me siecle forçaient les Fulanis de migrer vers le sud, jusqu'en région soudanienne. Ici les savanes étaient infestées et les mouches tsétsé. Cette infestation continue et se manifeste surtout en saison des pluies. Une migration annuelle entre les monts Mandara et les plaines sèches en saison des pluies et les plaines d'inondation et savanes soudaniennes en saison sèche évitait une infection sévère de la maladie pour le bétail.

En plus les pâturages d'altitude des plateaux de l'Adamaoua et de l'Ouest étaient utilisés là où la présence des mouches est relativement réduite. Cette migration était parfaitement adaptée aux possibilités des pâturages: pendant la saison des pluies sur les collines et les plateaux d'altitude et pendant la saison sèche dans les plaines d'inondation et les bas-fonds.

L'augmentation des troupeaux de bétail et la dégradation des pâturages dans la deuxième partie de la 20me siècle forçaient la population de migrer encore plus vers le sud et de ne plus respecter la transhumance.

Récemmant les projets de migration ouvraient des régions auparavant inaccessibles. Les développements vétérinaires comme les vaccinations rendent possible l'entrée dans les régions infestées.

Les régions sahéliennes sont densément habitées et la population y possède beaucoup de bétail. La partie centrale de la zone d'inondation du Logone est réservée pour la protection de la faune. La région soudanienne était peu peuplée avec une grande concentration de la faune sauvage. Surtout ici on trouve les grands parcs nationaux (Bénoué, Bouba Njidda et Faro) et les zones de chasse. Ils forment ensemble une des plus grandes aires naturelles protégées de l'Afrique occidentale avec plus de 1,5 million ha.

Les plateaux d'Adamaoua et de l'Ouest sont des régions importantes de l'élevage. On y trouve de grands troupeaux de zébus. Dans la partie périforestière l'élevage est peu développé. On y trouve de superficies importantes, à peine utilisées pour l'élevage, en cours d'être proclamées parc national. La chasse est une activité importante de la population.

Dans la partie forestière on trouve seulement le petit élevage surtout des chèvres, concentré autour des villages. Une partie importante des protéines animales provient de la faune sauvage, surtout des céphalophes et des singes.

Les grands projets de développement développent les meilleurs pâturages dans bas-fonds pour l'agriculture. La conséquence est une perte des pâturages de la saison sèche et un surpâturage des savanes exondées. A cause du surpâturage les espèces graminées pérennes ont localement pratiquement disparu et sont remplacées par des annuelles. Les espèces ligneuses régressent également par les feux et le pâturage et il en résulte une dégradation et donc un manque de nourriture en saison sèche.

En Afrique occidentale une utilisation combinée de l'élevage et de la protection de la faune semble d'être impossible (De Bie, 1991).

6.2. Valeur nutritive des Graminées

Les données quantitatives de la valeur nutritive des graminées varient beaucoup et dépendent surtout de la fertilité du sol et de la pluviosité pour une année donnée.

6.2.1. Zone sahélienne

Les annuelles qui constituent l'essentiel du stock fourrager sahélo-soudanien, sont pratiquement toutes appétées. A l'ombre les graminées mésophiles à forte production (*Brachiaria spp.*, *Digitaria spp.*) sont importantes. Sous surpâturage on trouve les derniers graminées souvent autour des arbres.

La production potentielle des pâturages en fourrage est autour de 1,5-2 tonnes/ha; les espèces xérophiles comme *Loudetia simplex* sont peu consommés à cause de leur limbe enroulé ou plié et dur.

Les zones d'inondation, inaccessibles en saison des pluies, sont essentièlles pour l'élevage en saison sèche; la production varie entre 5-20 tonnes/ha. *Echinochloa stagnina* est l'élément le plus important en quantité et qualité avec une repousse potentielle de 6-10 kg/ha/jour (Boudet 1977).

Ces données doivent être traduites en capacité de charge. Cette translation n'est pas toujours facile parce que la production en fin de la saison des pluies n'indique pas la quantité des repousses en saison sèche. Cette quantité et les alternatives en nourriture sont limitantes pour la capacité de charge d'un pâturage. On peut dire (e.a. Breman, Geerling) que 5 tonnes suffit pour une vache (1 UBT/an).

6.2.2. Zone soudanienne

En zone soudanienne la bonne qualité de fourrage est principalement située dans le développement des graminées au début de la saison des pluies et les repousses des graminées pérennes pendant la saison sèche. Ces repousses vertes constituent la composante principale d'un pâturage. En dehors de ces deux périodes les savanes ont une qualité inférieure des graminées.

De plus en plus les pâturages ne sont plus maintenus par des repousses des pérennes à cause de l'action humaine. Le déboissement, l'agriculture et les feux s'accroissent rapidement autour des grandes villes mais aussi en zone rurale, résultant en une dégradation et une érosion sévère. Le surpâturage contribue à cette érosion et dégradation.

Les sous-produits des céréales (chaumes) après la récolte sont importantes.

Dans la zone soudano-sahélienne: En saison sèche les sons et feuilles de mil, les fanes des niébés et des arachides sont des suppléments importants pour l'élevage aux repousses des graminées et les fruits et feuilles des ligneux.

Les feux précoces sont bons pour les graminées d'ombre par le balai annuel assurant de la lumière (*Andropogon pseudapricus, Loudetia togoensis*).

Les feux tardifs tuent les ligneux, stimulent les repousses des ligneux des terraces et détruissent les graminées. Il n'y a plus une feuillaison sur gravillons après les feux. *Microchloa indica* indique une forte dégradation (p.e. réserve Mayo Louti).

Quelques données de la biomasse présente au fin de la saison sèche: Boudet, 1977 donne une bionasse de 1000-2500 kg/ha et dans les zones édaphiques même 8000-15000 kg/ha.

Andropogon chinensis e.a. sur sol gravillonnaire 2,5-3,5 tonnes/ha; sur sol ferrugineux 2,5-4 tonnes/an (Toutin, 1974).

Andropogon pseudapricus donne 0,8 tonne/ha et *Pennisetum pedicellatum* 1,5 tonne/ha; *Andropogon gayanus* et *Diheteropogon amplectens* 2 tonnes/ha; *Loudetia simplex* 1,5 tonnes/ha (Boudet 1975).

Dans les vallées herbeuses à *Vetiveria*, etc. la production en saison des pluies (3 mois) totalise 8 tonnes et en saison sèche 3,3 tonnes, totale 11 tonnes/an. *Oryza longistaminata* donne 9 tonnes/ha et forme un très bon pâturage après la floraison. *Hyparrhenia rufa* donne 9 tonnes/ha avec des repousses d'une très bonne qualité. (Toutin, 1974).

Nigéria (ILCA): en zone soudanienne sur un sol peu profond, ferrugineux une production de 2,25 tonne/ha; sur un sol hydromorphe profond 5 tonne/ha. Une savane dominée par *Loudetia simplex* et *Andropogon chinensis*: 0,4-0,8 vaches par ha, gain 9-16 kg/ha (de Leeuw, 1971).

Régions d'altitude: Les plateaux des sommets des monts Alantica et Poli: un pâturage de *Hyparrhenia rufa* et *Loudetia simplex* 1500-4000 kg/ha (Boudet, 1977). Les pasteurs sont les Foulbés avec leurs zébus; aux plateaux des sommets il y a une absence quasi totale des ligneux à cause des feux annuels. Sur les sommets il y a une forte concentration de pâturage par l'absence des mouches tsétsé et en conséquence une forte dénudation de la végétation.

Secteur médio-soudanien: Le secteur médio-soudanien ne connait guere de transhumance de grandes distances. Les mouches tsé-tsé empêchent l'élevage: on voit seulement les taurins, qui sont dites d'être plus résistants.

Les grandes graminées ne donnent pas un bonne nourriture après la montée de la plante en graine. Il y a un charge limité par les repousses et feuilles des ligneux; 10 ha/1 UBT avec une concentration dans les vallées.

Les facteurs importants de l'aménagement des pâturages est le contrôle des arbustes par l'application des feux tardifs, la régulation du nombre de bétail par ha ('stocking') et le répos d'un terrain après pâturage pour permettre une réhabilitation des pérennes. Les bons pare-feux peuvent être réalisés par l'établissement des champs d'arachides e.a.; après la recolte en fin de saison des pluies ces champs restent dénudés.

Secteur soudano-guinéen (Adamaoua). Le plateau de l'Adamaoua connaît une période de croissance active de 7-10 mois; une saison sèche relativement courte et une petite saison sèche. A Wakwa la charge moyenne en bétail est 1,5 ha pour 1 UBT (unité bovin tropical).

Les savanes sont parcourues annuellement par les feux. Le recouvrement des ligneux est inférieur à cause des feux violents mais aussi le recouvrement des graminées est bas.

La production des repousses est de l'ordre de 5 kg/ha/jour pour *Loudetia arundinacea* et la production au fin de la saison des pluies est 13 tonnes/ha pour *Hyparrhenia diplandra* (Boudet 1975).

6.2.3. Zones montagnarde et submontagnarde.

Beaucoup de pâturages du plateau occidental sont pratiquement dénudés des ligneux. Vers le Nord de Bamenda les savanes herbeuses sont surexploitées par l'élevage; elles sont dégradées et ont remplacées les savanes arborées. Les parcelles de cultures s'étendant à la dépense des sols à aptitude culturale souvent marginales causent une dégradation irréversible. Les causes principales de la dégradation sont l'érosion, les feux fréquents, la collecte de bois et le surpâturage. Sur les plateaux le *Sporobolus indicus* var. *capensis* et *Loudetia camerunensis* dominent les savanes. Sur la production des pâturages il n'y a pas de données disponibles.

6.2.4. Zone guinéenne

Une pauvreté générale du sol est caractéristique pour la zone guinéenne. Les bovins sont traditionnellement rares dans les villages. Il y a peu de possibilités d'un établissement d'un pâturage. Cela demande trop d'efforts. Dans la saison sèche il y a le danger des feux sauvages. Le pâturage le plus important se trouve le long des routes.

Dans les jachères il y a une évolution rapide vers la forêt secondaire; seulement dans les deux premières années il y a un développement des graminées pérennes: *Pennisetum purpureum, Panicum maximum*; mais celles-ci sont rapidement envahies par des arbustes impénétrables, les Légumineuses, Zingibéracées et Composées.

A l'ombre des arbres on trouve *Axonopus compressus* et *Paspalum conjugatum* donnant un bon pâturage au petits ruminants. Surtout les antilopes sauvages les exploitent.

Imperata cylindrica donne sur des jachères dégradées 3-4 tonnes/ha par an; mais l'herbe est consommable seulement à l'état jeune.

6.3. Valeur fourragère des ligneux

Les ligneux constituent une portion significante de l'alimentation du bétail en saison sèche, principalement comme source azotée, constituant un complément aux fourrages herbacés dont les quantités nutritionnelles se dégradent rapidement au cours du cycle de développement (Kouonmenoic, 1990). Cependant la digestibilité des ligneux est faible, causée par un taux de lignine élevé (De Bie, 1991). Dans les zones sahélienne et soudano-sahélienne les feuilles des ligneux sont importantes. A Garoua par exemple les caprins à la fin de la saison sèche mangent principalement des ligneux et aussi les vaches les mangent fréquemment.

L'utilisation d'une plante est sélective et surtout les feuilles qui possèdent un bon taux N sont cherchées. Donc la capacité de charge dépend de la quantité de feuilles dans la biomasse. Les chaumes sont d'une moindre importance.

Dans la zone sahélienne les bergers coupent des branches d'*Acacia spp.* pour leurs vaches. Dans la zone soudanienne les repousses des ligneux forment en saison sèche une supplement indispensable des Graminées. La plupart sont des légumineuses comme *Acacia spp, Afzelia africana, Daniellia oliveri, Piliostigma thonningii, Pterocarpus spp*, mais aussi p.e. *Gardenia spp, Strychnos spp.*

6.4. Ethnies et leur troupeaux de bétail.

6.4.1. Généralités

Dans les zones sahélienne et soudano-sahélienne on peut distinguer trois groupes d'éleveurs:
- pastoralistes, nomades avec une transhumance;
- agropastoralistes avec l'agriculture et l'élevage;
- agriculteurs avec quelques têtes de bétail.

Traditionnellement les éleveurs pastoralistes dominent mais de plus en plus ils sont remplacés par les éleveurs sédentaires. Plusieurs ethnies ont lié leur vie complètement ou partiellement à l'élevage du bétail: Arabes, Foulbés, Mbororos.
Ailleurs, dans la région soudanienne se sont les Mbororos qui habitent les sommets des collines.

6.4.2. *Elévage*

L'élévage traditionelle est surtout le pastoralisme pour le lait et de la viande. Le but des éleveurs est une maximalisation des troupeaux, ce que donne un prestige social. Le système était efficace pour les objectives et l'effectif du chèptel et la production par tête atteinte était en équilibre avec la disponibilité et qualité des ressources fourragères. Le système transhumance fait l'usage des pâturages du Nord et des plaines d'inondation très profitable; là-bas la transhumance résulte dans un gain des jeunes bovins de 50 kg/an/tête; ailleurs, en fonction de la présence de l'eau, le gain est plus bas (Breman & Traoré, 1987).

Les savanes soudaniennes sont plus longtemps vertes et en conséquence les gains des bovins sont plus grands.

Traditionnellement les vaches connaissent une lactation pendant environ 400 jours et donnent plus de 100 litres par an par vache, non compris la consommation par le veau (zone soudanienne).

Les troupeaux des boeufs sont constitués d'environs 65% femelles. Des femmelles 43% sont en réproduction; l'intervalle des vêlage est 25 mois.

Les moutons et les chèvres sont gardées autour des maisons mais aussi dans les troupeaux. Les moutons sont plutôt des paisseurs; les chèvres broutent aussi. Dans les yaerés il y a des troupeaux, constitués exclusivement de moutons.

La réproduction des chèvres est 1,44 jeune par an. On prend 90% de l'effectif des jeunes et 20-30% des adultes. La parturition est après 265 jours.

Les vaches principales des nomades sont les Zébus à grande bosse dorsale. Elles sont très susceptibles d'une infestation de trypanosomiase. Dans la région soudanienne on les trouve surtout en altitude, p.e. aux sommets des montagnes de Poli, d'Alantica et de l'Ouest.

Deux peuples entretiennent aujourd'hui plusieurs milliers de taurins. Il s'agit des Kapsikis et les Doayo autour de Poli. Les taurins sont des vaches laitières sans bosse. Autrefois largement répandu au Cameroun les taurins ont disparu rapidement sous le double effet des épizooties (e.a. peste bovine) et de l'intégration des populations au modèle culturel peul (Beauvilain, 1983).

Les montbéliards des monts Bamboutos sont une race assez résistante à la trypanosomiase (Portères (1946).

6.4.3. *Changements récents*

Les changements récents dans l'élevage sont:
- L'expansion de la population.
- L'expansion de l'agriculture et l'occupation des pâturages de la saison sèche (bas-fonds).
- Les interventions vétérinaires.
- La possession de bétail.

L'élevage passe de plus en plus des mains des éleveurs pastoraux aux mains des agriculteurs et des investisseurs. Ces investisseurs sont des citoyens, des notables, des fonctionaires et des commerçants. Pour eux le bétail est une sécurité financière importante pour les dots, funérailles, etc. Cela cause une dissolution progressive des anciennes structures et un appauvrissement accéléré de la population pastorale.

Les changements ont pour conséquence une dégradation continue des pâturages restants. La sédentarisation cause une baisse de la capacité de charge par l'impossibilité d'utiliser les ressources complètement. Il y a un déplacement du point principal de l'élevage vers le sud.

L'efficacité de l'élevage diminue sous l'influence de la détérioration de la situation fourragère (non transhumant) et une perturbation des systèmes de production. Le système change de plus en plus en un système d'agro-pastoralisme, une sédentarisation de l'élevage liée à l'agriculture.

Il y a des conflits permanents entre les éleveurs et les agriculteurs, surtout dans les régions de forte densité démographique où les villageois ont de plus à plus la tendance à mettre en culture les pâturages. L'extension des cultures commerciales, de même que la croissance du nombre de bêtes intensifient ces conflits.

La recrudescence de la sécheresse et la guerre civile ayant comme corollaire une entrée massive des éleveurs Choa venus du Tchad.

Une bonne compréhension de la possession ou le droit d'utilisation des terres et de la diversité biologique est indispensable pour un bon aménagement et une utilisation durable de ces resources.

L'élevage moderne est pratiqué dans les ranches modernes, qui se trouvent surtout sur les plateaux de l'Adamaoua et occidentaux. Le but est plutôt la production de la viande.

6.4.4. Pâturages et espèces préférés

Les pâturages préférés dépendent de la disponibilité de l'eau et la disponibilité de nourriture surtout en saison sèche. Importantes sont les annuelles, les jeunes pousses et les repousses des pérennes; surtout préférées sont des espèces sans adaptations xérophiles.

Surtout pour le bétail laitier du Nord les repousses vertes, riche en azote, près de la rivière sont essentielles.

La composition floristique est moins importante que la structure d'une végétation. En saison des pluies les savanes soudaniennes perdent rapidement leur qualité fourragère.

Les plantes consommées sur un pâturage depéndent de l'espèce animale qui fréquente le pâturage et l'appétibilité du moment des plantes disponibles. Surtout le rapport entre la digestibilité de la nourriture et le taux d'azote donc de l'énergie détermine la réussite de l'élevage (Breman & De Ridder, 1991). Les plantes délaissées dans un pâturage riche, pourraient être recherchées dans un pâturage pauvre. En plus la composition d'une espèce donnée varie en fonction de la disponibilité des élements nutritifs du sol et de l'humidité. Les espèces aux distributions géographiques réduites ou à l'amplitude écologique réduite ont une qualité plus constante.

Très bien appétés par le bétail sont: *Pennisetum unisetum, Brachiaria brizantha* et *Panicum maximum*. Ce sont des espèces sans adaptations xérophiles avec relativement beaucoup de parenchyme dans le limbe.

Des développements xérophylles on trouve sur p.e. *Ctenium newtonii* et *Loudetia arundinacea* et elles sont donc moins appetées. A cause des adaptations xérophylles les graminées comme *Loudetia simplex* sont seulement consommées en état jeune.

Pourtant plusieurs espèces ne sont pas du tout appétées: *Cymbopogon giganteus, Thelepogon elegans*.

L'appétibilité dépend aussi de l'état de développement de la plante, souvent en fonction de la saison et du lieu.

Le fourrage aerién est constitué des feuilles des ligneux; le fourrage terrestre surtout des graminées et légumineuses.

Le choix de la consommation dépend des consommateurs. Au Cameroun le bétail (vache, chèvres et moutons) est surtout orienté vers le fourrage terrestre; la faune sauvage connaît une utilisation plus variée et plus complète.

6.4.5. Maladies du bétail

Une maladie principale de la zone soudanienne est la trypasomiase transportée par les mouches tsétsés. Dans les régions subhumides les mouches appartiennent au *Glossina morsitans* et *G. longipalpis*. Les savanes forment une habitat très sensible pour le changement. L'environnement y change rapidement et la végétation naturelle y est transformée en paysage cultivé. En conséquence sur les savanes le nombre des mouches tsétsé diminue et donc les galeries forment leurs derniers ressorts ici.

Les mouches *Glossina palpalis* et *G. tachinoides* se trouvent dans la forêt ripicole et *G. fusca* et *G. haningtoni* dans la forêt humide.

Récemment à l'Adamaoua il y avait des invasions du *G. morsitans* du Nord et *G. fusca* provenant du Sud.

Au Cameroun il y a eu un programme d'éradication chimique par une application des insecticides, aussi arrosé par des avions. Le développement récent forme l'éridication par la lutte biologique. On étend des mâles stériles des mouches en telles quantités qu'ils surpassent les mâles naturels.

Breman & Traoré, 1987, observent que la lutte bioloque n'est pas encore efficace par rapport à son coût:

- la lutte chimique coûte 8000-12000 fcfa/UBT/an, ces frais dépassent la valeur brute de la production qui est 6700 fcfa.
- lutte médicinale, 4 injections par an, 1175 fcfa/UBT/an.

Les frais sont, en fonction des coûts vétérinaires, à peine rentables tant que les pâturages demeurent aussi peu productifs.

La peste bovine est une maladie virale très menaçant. Il y avait une épizootie dans le Nord Cameroun en 1982-1983, à cause d'une faible couverture vaccinale. Les taurins sont très sensibles à la peste bovine et cette peste était une cause de leur disparition pendant le dernier siècle (Beauvilain, 1983).

6.5. Importance des pâturages pour l'élevage

L'élevage du bétail est très important pour le Cameroun. En 1988 il y avait 4.471.000 vaches, 2.897.000 moutons et 2.906.000 chèvres au Cameroun (FAO, 1988).

Les grands nombres du bétail sont trouvés dans: – l'Extrême Nord, 500.000 bovins et un cheptel considérable des ovins et caprins; – le Nord, 400.000 bovins; – l'Adamaoua, plus de 1.000.000 bovins; – le Nord-Ouest, 300.000 (chiffres 1970).

Les 'grassfields" de la province du Nord-Ouest et le plateau de l'Adamaoua offrent de bonnes possibilités du système des ranches (l'élevage extensif moderne).

Moyennement la charge des savanes peut être: 4 ha/vache sahélo-soudanienne; 2,6 (2-7) ha/vache zone soudano-sahélienne; 2 ha/vache zone soudano-sahélienne. La croissance dans la zone sahélo-soudanienne 35-70 kg/vache-année; dans la zone soudano-sahélienne 25-30 kg/vache,année (Breman pers inf.).

L'élevage de l'Extrême Nord dépend de la transhumance. L'élevage est la richesse de la région tant sur le plan monétaire (500.000 bovins, représentant 20 milliards FCFA (1981), que sur ceux de la vie des marchés, des exportations et de l'équilibre alimentaire (Beauvilain, 1981).

Pour l'approvisionnement de la viande les grandes villes du Sud dépendent de l'élevage de l'Adamaoua et de l'Ouest.

Il y a une exportation considérable du bétail vers Nigéria et le Gabon.

6.6. La faune sauvage

6.6.1. Introduction

La faune sauvage est une richesse sous-éstimée et sur-exploitée en Afrique francophone en général et au Cameroun en particulier. Pour la population elle est la source traditionnelle de la chasse. Contrairement à l'élevage la faune n'avait pas de propriétaires clairs et donc l'exploitation de cette faune n'était pas limitée. Cette surexploitation de la faune combinée avec une occupation des savanes par les éleveurs et les agriculteurs ont diminué fortement les effectifs de la faune sauvage.

La situation récente de la faune de l'Afrique occidentale en général est alarmante. Plusieurs espèces comme le rhinoceros noir (*Diceros bicornis)* et l'Eland de Derby (*Traghelaphus derbianus*) sont ménacées dans leur existance. La population du damalisque (*Damaliscus lunatus korrigum*), autrefois très commun, est diminuée fortement en Afrique occidentale et on trouve cette antilope seulement encore autour du Nord Bénin et au Cameroun. Les populations des autres espèces sont réduites et pratiquement limitées aux aires protégées.

Au début du 20e siècle on a démarré avec la création des réserves naturelles et des zones de chasse, puis les parcs nationaux. La chasse traditionnelle est devenue illégale et considerée comme braconnage. Cependant la chasse constitue encore une source principale des protéines en zone rurale. En Afrique occidentale 10-50% des protéines animales proviennent de gibier (De Bie, 1989).

La chasse moderne pour les trophées a remplacé la chasse traditionnelle. Des chasseurs étrangers, principalement de la nationalité française, louent les zones de chasse et moyennant frais d'abattage ils sont autorisés de chasser. Les chasseurs prennent les trophées et en géneral la viande est donnée aux villageois. En Afrique orientale comme au Zimbabwe et à l'Afrique du Sud il y a un aménagement dirigé vers une exploitation durable.

Récemment les zones de chasse ont été envahies par des éleveurs, chassés ailleurs par l'occupation de leurs pâturages par l'agriculture et par la sécheresse.

Le tourisme est un revenu important pour le Cameroun. Il est surtout basé sur la richesse de la faune camerounaise.

6.6.2. Faune camerounaise

Cameroun est un pays encore très riche en faune. Les antilopes, les élephants, les phacochères, les giraffes, les singes, etc. sont abondants. De grandes parties des pâturages sont réservées pour la faune. Les parcs nationaux et réserves de faune sont nombreux dans la partie septentrionale du pays où la visibilité dans la végétation est bien pour l'homme. Dans la partie méridionale la faune est également riche mais moins visible et plus susceptible à l'exploitation.

Les consommateurs principaux des graminées au Cameroun sont:

Les élephants (*Loxodonta africana*) sont nombreux partout au Cameroun (Waza presque 1000, Bouba Njidda plus de 1000; dans la zone forestière et ailleurs commun). Les giraffes (*Giraffa camelopardalis*) sont nombreux à Waza (plus de 1000), ailleurs dans la zone soudanienne peu nombreux. Les Hippopotames (*Hippopotamus amphibius*) sont localement encore communs dans les parcs nationaux; ailleurs très rares. Les populations des buffles (*Syncerus caffer*) sont décimées par la peste bovine.

R. East (1990) donne les populations des antilopes suivantes pour le Cameroun: Eland de derby (*Tragelaphus derbianus*) autour de 2000-4000 pendant les années 1970; récemmant la population a été décimée par la peste bovine; le Bongo (*Tragelaphus euryceros)* dans le Sud-est (Dja, Lac Lobeke). Les cephalophes (*Cephalophus spp., Sylvicapra grimmia*), importants pour la viande de brousse sont communs dans la partie méridionale du pays et dans la zone soudanienne.

Le redunca (*Redunca redunca*) 5.600, surtout à Bouba Njidda, exterminé à Waza. Le Cob Defassa (*Kobus ellipsiprymnus defassa*) plusieurs milliers dans zones soudanienne et sahélienne, exterminé à Waza. Le cob de Buffon (*Kobus kob*) commun dans les zones sahélienne et soudanienne. Le hippotrague (*Hippotragus equinus*) quelques centaines dans les savanes soudaniennes et à Waza. Le bubale (*Alcelaphus buselaphus*) commun dans la zone soudanienne, plus de 10.000.Le damalisque (*Damaliscus lunatus*) quelques centaines à Waza et quelques dizaines à Bouba Njidda. Le gazelle (*Gazella rufifrons*) est sahélien, les nombres à Waza sont quelques centaines et croissants; Oribi (*Ourebia orebie*) soudanienne, quelques milliers.

6.6.3. *Utilisation des pâturages par la faune*

La faune utilise, selon la saison, la plupart des composants de la végétation. Les espèces de la faune sélectent différemment leur nourriture et sont plus ou moins complementaires. Leurs niches varient en sens vertical et horizontal. Vertical selon la hauteur sur laquelle elles cherchent leur nourriture et horizontalement selon leur dépendance d'eau (De Bie, 1991, fig blz. 91). Les paisseurs sont aussi sélectives dans l'utilisation de la couche des graminées. Le petit oribi est plus sélectif que p.e. le buffle ou l'hippopotame (De Bie, 1991, blz. 139). Plusieurs antilopes varient leur menu en fonction de la disponibilité de la nourriture pendant la saison (De Bie, 1991).

Les éléphants et les hippoptames sont moins susceptible de la qualité de la nourriture. Ils peuvent acélérer la vitesse de passage de nourriture dans leurs voies digestives et ainsi prendre les éléments nutritifs en quantités suffisants.

Les élephants et les bubales peuvent être considérés comme des espèces clef. Des changements dans leurs populations indiquent des changements dans toute l'écosystème (De Bie, 1991).

6.6.4. *Exploitation de la faune sauvage*

La population camerounaise exploite fortement les sources de la diversité biologique. Cette utilisation est seulement durable lorsque les resources sont aménagés correctement et les écosystèmes et les populations animales ont donnés le temps de se reconstituer. Alors une très grande priorité est située dans le développement des initiatives pour la conservation et l'utilisation durable de la faune.

La responsabilité de l'aménagement de cette utilisation doit être avec la population locale.

En Afrique francophone l'alternative de l'élévage traditionnel, l'élévage extensif de la faune sauvage ('game ranching') est à peine pratiquée. Au Cameroun certains projets du gouvernement sont initiés dans le passé mais il n'y avait pas d'exécution correcte et en conséquence les projets étaient abandonnés (Van der Zon, 1984).

Une avantage d'un élevage de la faune est un meilleur usage de l'écosystème, un usage plus complet par la possibilité d'une combinaison des espèces d'animaux aux besoins supplémentaires.

Le fourrage ligneux peut être utilisé en combinaison avec des herbes, pour compenser la basse qualité en saison sèche des herbes. Plusieurs animaux sauvages vivent sur de tels menus mixtes. Les différents besoins des animaux sont:

- Elephants mangent de différents components de la végétation et préfèrent des graminées et des légumineuses; en saison pluvieuse ils paissent surtout, mais en saison sèche ils broutent.
- Les hippopotames sont non-sélectifs pour les courtes graminées vertes avec un taux de protéine entre 5-10%; en saison sèche ils mangent aussi de la paille sèche (De Bie, 1989).
- Les rhinocéros noirs ont un régime très varié mais avec une préférence pour des légumineuses; les graminées sont rarement consommées.
- Les grands ruminants utilisent leur nourriture plus efficacement et ça limite le temps de manger. Ils dépendent plus de la qualité de la nourriture. Les petites ruminants ont besoin d'une nourriture avec un taux bas des fibres. Sous conditions extrêmes les ruminants souffrent plus que les autres. Les élands de Derby sont des brouteurs, par préférence d'*Isoberlinia spp.* et d' autres légumineuses; les buffles, les cobes de Buffon, les cobes Defassa, les damalisques, les bubales, les oribis et les reduncas sont des paisseurs; les hippotragues prennent en majorité (90 %) des graminées, à côté des feuilles des arbres et arbustes; les gazelles ont un régime d'un mélange des graminées et ligneux (part. Bosch, 1976; De Bie, 1991).

6.7. Feux de brousse

Les feux de brousse sont une phénomène des savanes de tout le Cameroun. Ils sont surtout violents dans la partie septentrionale et centrale, mais aussi dans les pâturages de l'Ouest et les collines et montagnes. Dans la partie méridionale les feux sont assez exceptionels et limités aux endroits secondarisés et endroits caillouteux.

Le matériel sèche des graminées pérennes hautes de 1-4 m et les feuilles des ligneux donnent suffissant de combustibles pour permettre des feux annuels pendant la saison sèche.

En général les feux de brousse sont allumés par l'homme, rarement il y a des causes naturelles comme des éclairs ou des événement volcaniques. Les raisons principales de la population pour brûler la végétation sont:

- le nettoyage des pâturages de vieilles tiges des graminées pour faciliter l'accès aux jeunes repousses;
- l'éradication des parasites (p.e. tiques) de bétail;
- amélioration des pâturages par l'élimination des arbustes;
- ouverture de la végétation pour la chasse;
- un sentiment de plaisir.

L'intensité des feux dépend de la quantité et le degrée de sècheresse du matériel combustible, le moment du jour et l'époque de l'année. Les feux sont peu violents tôt le matin au début de la saison sèche (feux précoces) et très violents à midi au fin de la saison sèche (feux tardifs).

Effets. Les effets directs des feux sont énormes par la perte de fourrage. La microflore et la microfaune souffrent le plus. La faune est soit directement brulée, soit attrapée par les oiseaux (milan, guepier, rollir) soit tuées par les températures élevées. Il y a une partie des animaux qui réussit d'échapper dans les creux et trous du sol ou des arbres. Il y a la repression de la formation de la couche de l'humus. L'effet indirect est le changement de la température et de l'humidité par une insolation directe.

L'accessibilité de la fraction de la végétation d'une bonne qualité est améliorée par la disparition de la fraction sèche et inappetée; p.e. pour *Vétiveria nigritana* la disponibilité après le feu augmente 3 fois.

Les feux du début de la saison sèche (feux précoces) ont un effet dégradant qui est égale pour les graminées et les ligneux. Surtout les petits arbustes sont tués par les feux tardifs. Les graminées pérennes des savanes sont en général cespiteuses avec leurs bourgeons protégées dans le sol. Sans feu les ligneux se développeront et étouffent les graminées (e.a. Geerling, 1982).

Les graines de beaucoup d'espèces de savanes germinent mieux après un passage de feu (Knapp, 1973). Plusieurs graminées fleurissent après un passage comme *Elionurus, Imperata cylindrica, Loxodera ledermannii*.

A longue terme dans les savanes sèches les feux annuels causent une perte considérable en minéraux et en conséquence une dégradation de la végétation, surtout lorsque les feux traversent une végétation 2 ou 3 fois par an comme souvent se passe autour de Garoua.

Chaque feu signifie aussi une grande perte en bois de chauffe.

6.7.1. Dégradation

Dans l'extrême nord la densité de la population humaine est élevée et en conséquence l'agriculture et le nombre de bétail sont importants. Il y a une croissance du pâturage sédentair et d'agriculture. Dans les années sèches la surdemande des terres résulte en une dégradation forte des steppes et savanes.

La plus forte dégradation des pâturages se trouve surtout autour des grandes villes de la zone soudanienne. Comme ailleurs en Afrique, la forte croissance de la population humaine demande de plus en plus des terres autrefois réservées à la faune et l'élevage traditionnel. Cela combiné avec la demande de bois de feux pour la cuisson, l'extension de l'agriculture et une augmentation non contrôlée des feux de brousse ont changé le paysage du Nord Cameroun fortement. La superficie des savanes boisées a diminué fortement. Partout on voit des savanes dégradées et dominées par des buissons pyro-résistants de 0,5-1,5 m de haut et des annuelles non graminées.

Les grands projects de développement ont contribué aussi à la dégradation (Rochette, 1985, van der Zon, 1987). Dans la planification des grands projets les conséquances écologiques sur l'environnement ne sont souvent pas considerées sérieusement et ont des conséquences non-prévues. Par exemple la construction d'une barrage dans le projet de la SEMRI II a Maga a éliminé les inondations annuelles de la plaine d'inondation en aval et a causé une désertification de cette plaine. Le développement des bas-fonds pour l'agriculture par la Sodecoton et le projet de NE Bénoué (MEAVSB) ont obligé les éleveurs (p.e. Mbororo) à quitter la région ou de surexploiter les pâturages.

La transmigration de la population des montagnes Mandara vers des savanes soudaniennes exigent beaucoup des sols pauvres et rend l'agriculture non rentable.

6.7.2. Causes de la dégradation

Les causes principales de la dégradation des pâturages sont:

- Feux. Les feux rendent le pâture possible mais chaque feu cause aussi une destruction d'énormes quantités de biomasse. Après une passage du feu il n'y a plus de protection des repousses contre l'insolation, l'érosion et le pâturage. Un 2me feu après un feu précoce laisse disparaître les restants. Un développement normal de l'humus n'est pas possible. Les feuilles et tiges sèches sont complètement minéralisés et susceptibles à l'érosion éolienne et hydrique.
- Surpâturage, piétinage. Le nombre de bétail augmente et la surface à paître diminue. Par une dégradation la capacité de charge diminue aussi. L'exploitation n'est plus en équilibre.
- Collection de bois surtout pour la cuisson de la nourriture mais aussi pour la construction. La collecte de bois cause une forte dégradation des savanes mais à courte term peut être avantageuse pour les graminées.
- Agriculture. Sur les champs en savanes on connaissait trois années de récoltes consécutives et puis on laissait le terrain en jachère pour une période de réconstitution du sol. Une augmentation de la population humaine signifie une demande des sols plus élevée. On diminue la période des repos des jachères et donc la restitution du sol devient impossible.
  Les projets de développement ne prendent guère l'importance de l'élevage et la fragilité des pâturages en considération.
- Sédentarisation des nomades. Les pâturages sont surexploités autour des villages et ils ne sont non plus laissés pour réconstituer lorsque les repousses sont finies.
- Climat, pluviométrie. Les années octogenaires connaissaient plusieurs années avec une pluviométrie trop basse. Cette baisse n'a pas eu de conséquence comme dans les pays sahéliennes de l'Afrique occidentale mais avait une charge extraordinaire de pâture sur la végétation.

6.7.3. Effets de la dégradation

Les facteurs de dégradation souvent jouent ensemble dans dégradation de

l'environnement. En général, on peut dire que les effets principaux de la dégradation sont les suivants:
- Une perte de pérennes, dégradation des pâturages.
- Une perte des pâturages de la saison sèche par un surpâturage des repousses.
- Un changement de la composition floristique, moins de bonnes espèces de pâture comme les *Loudetia spp.* en zone soudanienne et *Sporobolis indicus* en zone montagnarde; augmentation des annuelles non graminéennes comme p.e. des Sterculiacées aux zones d'inondation.
- Une accélération de l'érosion éolienne en saison sèche et l'érosion hydrique en saison des pluies.

6.7.4. Protection

Parce que les causes de la dégradation sont multiples, les solutions pour les pâturages ne sont pas simples. Elles sont plutôt situées dans les points suivants:
- Une meilleure planification du territoire; surtout au niveau des grands projets; les considérations doivent être écologiques.
- Une détermination de la valeur des pâturages. Une bonne compréhension de la valeur des pâturages est très importante.
- Une bonne planification des feux et une prévention des feux sauvages.
- Une rotation d'utilisation des pâturages.
- Une introduction des projets de reboisements; pas de projets comme Sahel vert avec des espèces non-indigènes mais une protection des savanes par des pare-feux avec des champs, p.e. d'arachides sur les pare-feux.

6.8. Aménagement

Pour le moment l'accès aux savanes n'est pas limitée; tout le monde peut les utiliser. Une restriction d'accès est à peine possible. La régulation et surtout la prévention des feux est practiquement impoissible. L'ensemble fait l'aménagement des savanes extrêmement difficile. L'aménagement des pâturages pour l'élevage extensif est à peine rentable (Breman & Traore, 1987).

Sur les plateaux de l'Adamaoua et du Cameroun occidental il y a des ranches d'élévage où on a clôturé des pâturages. La régulation de nombre de bétail y est possible.

Dans les réserves et parcs nationaux on utilise des feux précoces pour éviter des feux ravageurs du fin de saison sèche.

Une amélioration des pâturages, expérimentée aux stations fourragères de Wakwa et Bambui, n'est pratiquement pas appliquée dans les pâturages. L'introduction des espèces ou variétés améliorées, p.e. variétés des *Panicum maximum* et les nouvelles espèces comme *Cenchrus biflorus, Brachiaria ruzuziensis* n'est pas encore effectuée. Seulement le *Pennisetum clandestinum* on trouve à l'extérieur des stations fourragères. Une application d'engrais n'est pas économique.

Seulement les zones d'inondation du Cameroun septentrional ont une capacité naturelle élevée.

Les résidus du sorghum après la récolte sont une nourriture importante dans la saison sèche. Une récolte donne à peu près 1 tonne de graine par ha et 4 tonnes de résidus/ha. Les pasteurs sont tolérés avec leur bétail par les agriculteurs, qu'ils rétribuent souvent. Le bétail restore la fertilité des sols des champs en y déposant son fumier.

LITTERATURE

Beauvilain, A., 1980. Eleveurs et agriculteurs-éleveurs dans le bassin de la Bénoué. *Revue Géographie du Cameroun* 1(2): 119–143.

Beauvilain, A., 1981. Elevage et éleveurs dans le Grand Yaéré (Nord-Cameroun). *Révue Géographie du Cameroun* 2(2): 163–174.

Beauvialin, A., 1983. Un élevage résiduel: les taurins du Nord Cameroun. Rev. Géogr. du Cam. 4(1): 39–44.

Bourn, D., K. Milligan & W.Wint, 1986. Tsetse, trypanosomiasis and cattle in a changing environment. *dans* ILCA, 1984.

Boudet, G., 1975. Contributions au contrôle continu des pâturages tropicaux en Afrique occidentale. *Rev. Elev. Méd. vét. Pays. trop.* 30: 387–406.

Boudet, G., 1975. Manuel sur les pâturages tropicaux et les cultures fourragères. IEMVT.

Breman, H. & N. Traore, 1987. Analyse des conditions de l'élevage et propositions de politiques et de programmes. Eépublique du Mali. OCDE, CILSS, Sahel D987) 30 2, CABO, Wageningen.

De Bie, S., 1991. Wildlife Resources of the West African Savanna. Wageningen Agricultural University Paper 91–2.

East, R., 1990. Antelopes, Global Survey and regional action plans. Part 3. West and Central Africa. IUCN, Gland.

Engref & Centre Universitaire Dschang, 1987. Massif d'Oku, Cameroun. Montpellier.

Forest Department, Nigeria, 1948. The vegetation of Nigeria. Descriptive terms. Lagos, Govt Printer. 34 p.

Fotius, G., 1973. Etude phytosociologique du triangle Fort Lamy-Bousso-Lai (République du Tchad). Centre ORSTOM, Fort Lamy.

Hawker & Brunt, 1965. Report to the Government of Cameroon on the soils and ecology of West Cameroon. Report no 2083, project CAM/TE/LA, FAO, vol 1: 285 p & vol 2: annexes (pp 286-516, avec cartes et ill.), Rome.

ILCA, 1986. Livestock systems research in Nigeria's subhumid zone. Proceedings of the second ILCA/NAPRI symposium held in Kaduna, Nigeria, 29 october-2 november 1984. Addis Ababa.

Jacques-Felix, H., 1971. Compte rendu d'un voyage au Cameroun reconnaissance d'un étage montagnard méconnu de l'Adamaoua. *Mitt. Bot. Staatssamml. Mùnchen* 10: 341–353.

Jacques-Felix, H., 1968. Evolution de la végétation au Cameroun sous influence de l'homme. *J. Agric. Trop. Bot. Appl.* 15 (7–8).

Keay, 1959. A botanical study of the Obudu plateau and Sonkwala mountain. The Nigerian Field: 107–119.

Knapp, R., 1973. Die Vegetation von Afrika. Gustav Fischer Verlag, Stuttgart.

Kouonmeniac, J., 1990. Les ligneux fourragères au Cameroun: productivité et interêt par la production animale en région guinéenne. Thèse Univ. Paris-Sud, Centre d'Orsay.

Ledermann, C., 1912. Eine botanische Wanderung nach Deutsch Adamaoua. *Mitt. Deutsch Schutzgeb.* 25: 20–55.

Letouzey, R., 1968. Etude phytogéographique du Cameroun. Paris, Lechevalier, 511 p.

Letouzey, R., 1969. Observations phytogéographiques conçernant le plateau africain de l'Adamaoua. *Adansonia*, sér. 2, 14, p. 529–542.

Letouzey, 1985, Notice de la carte phytogéographique du Cameroun au 1:500.000. 5 documents et 6 cartes. Institut de la Carte Internationale de la Végétation, Toulouse.

Maitland, T.D., 1932. The grassland vegetation of the Cameroons Mountain. *Kew Bull.*, p. 417–425.

Malzy, P., 1955, 1957. Graminées du Nord Cameroun et leurs utilisations. *J. Agric. trop. et Bot. appl.* 2: 281-297; *Rev. Elev. et Méd. Vétér. Pays Trop.* 10: 45–51.

Mannetje, L. 't, 1984. Nutritive value of tropical and subtropical pastures with special reference to protein and energy deficiency in relation to animal production. *in* Herbivore nutrition in the tropics ans subtropics, ed. F.M.C. Gilchrist & R.I. Mackie, Science Press, Craighall.
Monod, 1963. Après Yangambi (1956): notes sur phytogéographie africaine. Bull. IFAN, 25 sér. A (2): 594–619.
Morton, 1962. The upland floras of West Africa. Their composition, distribution and significance in relation to climate changes. C.R. 4e réun. plen. AETFAT, Lisbonne: 391–407, 11 cartes.
Olivry, J.C., 1986. Fleuves et rivières du Cameroun. Monographies Hydrologiques ORSTOM, No 9, MESRES-ORSTOM, Paris.
Otchere, E.O., 1984. Traditional cattle production in the subhumid zone of Nigeria. *dans* ILCA, 1984.
Penning De Vries, FWT. & M.A. Djiteye (eds), 1982. La productivité des pâturages saheliennes. Agric. Res. Rep. (Versl. Landbouwk. Onderz.) 918 ISBN 90220 0806, 552p.
Pias, J., 1958. Transgressions et regressions du Lac Tchad à la fin de l'ère tertiaire et au Quaternaire. *C.R. Acad. Sci. Paris* 246: 800–803.
Pias, J., 1970. La végétation du Tchad, ses rapports avec les sols, variations paléobotaniques au Quaternaire. Travaux et Documents de l'Orstom.
Porteres, R., 1946. Climat et végétation sur la chaine des Bambuttos (Cameroun). *Bull. Soc. bot. Fr.* 93 (19): 352–360.
Porteres, R., 1955. Les céréales mineures su genre Digitaria en Afrique et en Europe. *J. Agric. Trop. et Bot. Appl.* 2: 349-386, 477–510, 620.
Rattray, J.M., 1960. The grass cover of Africa. FAO Agric. St. No. 9, FAO, Rome.
Richards, P.W., 1963. Ecological notes on West African vegetation. II The lowland forest of the southern Bukundu forest reserve. *J. Ecol.* 51: 123–149.
Richards, P.W., 1963. Ecological notes on West African vegetation. III The upland forest of Cameroon Mountain. *J. Ecol.* 51: 529–554.
Rochette, R.M., 1985. Rapport de Consultation. Mission d'Etude pour l'Aménagement de la Vallée Supérieure de la Bénoué, Garoua.
Schnell, R., 1976. Flore et Végétation de l'Afrique tropicale. Gauthier-Villars, Paris, 2 tômes.
Sillans, R., 1958. Les savanes de l'Afrique centrale. Lechevalier, Paris.
Stuart, S. & R.J. ADAMS, 1990. Biodiversity in Subsaharan Africa and its Islands. Conservation. Management and Sustainable Use. IUCN, Occasional Paper SSC No. 6, Gland.
Tibui, Julius Anye, 1984. Un essai de typologie des communautéd végétales des pâturages de Wakwa (Cameroun). Université de Paris XI, Orsay.
Toutin, B., 1974. Implantation d'un ranch d'embouche en Haute Volta, région de Leo. IEMVT, Maison Alfort: Etude agrostologique no 40, 149 p.
Trochain, J., 1951. Nomenclature et classification des types de végétation en Afrique noire francaise (2me note). *Bull. Inst. Et. Centr. n.s.* p: 9–18.
Van der Zon, A.P.M., 1987. Waza et le Logone; les zones humides du Cameroun et leur végétation. in: Van Der Zon (eds). Seminaire internationale sur les zones humides de l'Afrique de l'Ouest. Ecole de Faune Garoua, CML, Univ. Leiden: 47-55; 195–200.
Vanpraet, C., 1976. L'Ecologie et l'Aménagement du Parc National de Kalamaloé. FAO, Rome CMR/72/025, document de travail no 4.
Walter, H., 1939. Grasland, Savannen und Busch der ariden Teile Afrikas in ihrer ökologischen Bedingtheit. *Jb. wiss. Bot.*, 84, p. 58–222.
White, F., 1983. The vegetation of Africa. Unesco, natural resources research XX, Paris.

ANNEX 1.

Liste des Gramineae du Cameroun

Distribution:
Aw Afrique occidentale
Ni Nigéria
Ca Cameroun
Tc Tchad
Rc République centrafricaine
Ga Gabon
Ac Afrique centrale
Ae Afrique orientale
Su Afrique méridionale
As Asie
Am Amérique
Au Australie

Cameroun
1a sahélienne
1b sahélo-soudanienne
2a soudano-sahélienne
2b médio-soudanienne
2c soudano-guinéenne
3a afro-subalpine
3b montagnarde
4a submontagnarde
4b guinéo-soudanienne
4c atlantique
4d camerouno-congolais

Habitat:
Zi zone inondation; Zh zone humide
Sa savane; Sm savane de montagne
Gf galérie forestière
Fh forêt humide; Fm forêt de montagne
Ru rudérale

	Distribution	Cameroun	Habitat	Alt.
	Aw Ni Ca Tc Rc Ga Ac Ae Su As Am	1a 1b 2a 2b 2c 3a 3b 4a 4b 4c 4d	Zi Sa Sm Gf Fh Ru	
Bambuseae				
1. Sinarundinaria				
1. alpina	Ca Ae	3b	Fh	2350-2500 m

2. Guaduella																		
1. humilis		Ni	Ca									4c				Fh		
2. densiflora		Ni	Ca		Ga							4c 4d				Fh		
3. oblonga	Aw		Ca		Ga							4c				Fh		
4. marantifolia																		
1. var. duparquetii			Ca		Ga							4c				Fh		
5. macrostachys	Aw	Ni	Ca									4c 4d				Fh		
6. mildbreadii	?																	
3. Puelia																		
1. schumanniana			Ca		Ga							4c 4d				Fh		
2. ciliata			Ca		Ga	Ac						4c 4d				Fh		
3. olyriformis	Aw		Ca		Ga	Ac	Ae					4c 4d				Fh		
4. Phyllostachys																		
1. aurea			Ca						As			4b 4c					Ru	
5. Bambusa																		
1. vulgaris	Aw	Ni	Ca			Ac	Ae		As								Ru	
6. Oxytenanthera																		
1. abyssinica	Aw	Ni	Ca				Ae				2a 2b 2c			Sm				900-1300 m
Olyreae																		
7. Olyra																		
1. latifolia	Aw	Ni	Ca			Ac	Ae			Am	2c	4b 4c 4d			Gf	Fh		
Phareae																		
8. Leptaspis																		
1. zeylanica	Aw	Ni	Ca			Ac	Ae		As			4b 4c 4d				Fh		
Streptogyneae																		
9. Streptogyna																		
1. crinita	Aw	Ni	Ca			Ac	Ae		As			4b 4c 4d				Fh		
Oryzeae																		
10. Leersia																		
1. tisserantii	Aw		Ca	Rc		Ac					2c		Zi					1000-1200 m
2. nematostachya			Ca				Ae				2c		Zi					1200 m
3. tria.dra	Aw		Ca									4b	Zi					
4. drepano.hrix	Aw	Ni	Ca				Ae				1b 2a		Zi					
5. hexandra	Aw	Ni	Ca			Ac	Ae	Su	As		1a 1b 2a 2b 2c	4b 4c 4d	Zi					

ANNEX 1.

	Distribution Aw Ni Ca Tc Rc Ga Ac Ae Su As Am	Cameroun 1a 1b 2a 2b 2c 3a 3b 4a 4b 4c 4d	Habitat Zi Sa Sm Gf Fh Ru	Alt.
11. Oryza				
1. longistaminata	Aw Ni Ca Tc Ac Ae	1a 1b 2a 2b 2c 4b 4d	Zi	
2. sativa	Aw Ni Ca Tc Ae			céréale
3. barthii	Aw Ni Ca Ac Ae	1a 1b 2a 2b	Zi	
4. glaberrima	Aw Ni Ca Tc	2a 2c		céréale
5. punctata	Aw Ni Ca Ae As	1a 4b	Zi	
12. Maltebrunia				
1. letestui	Ca Ga Ac	4c	Fh	
Poeae				
13. Vulpia				
1. bromoides	Ca Ae	3b	Sm	2100-3000 m
14. Festuca Linn.				
1. abyssinica	Ca Ae	3a	Sm	2900-4000 m
1. var. abyssinica				
2. chodatiana	Ca Ae	3b	Sm	2100-2800 m
3. mekiste	Ca Ae	3b	Sm	2500 m
15. Poa				
1. leptoclada	Ca Ae	3a 3b	Sm	2000-4000 m
2. annua	Ca Ae	3b 4a	Sm	1000-2500 m
3. schimperiana	Ni Ca Ae	3b	Sm	2300-3000 m
Meliceae				
16. Streblochaete				
1. longiarista	Ca Ae As	2c 3b	Fm	2100-2700 m
Aveneae				
17. Koeleria				
1. capensis	Ca Ae Su	3a	Sm	2500-4000 m
18. Aira				
1. caryophyllea	Ni Ca Ae As	3a 3b	Sm	2000-3800 m

19. Helictotrichon								
1. mannii	Ca				3b		Sm	2000-3000 m
2. elongatum	Ni Ca	Ac Ae			3b		Sm	1800-3000 m
20. Deschampsia								
1. mildbreadii	Ni Ca				3a 3b		Sm	2000-4000 m
21. Agrostis								
1. mannii	Ca	Ethiopie			3b		Sm	1600-3000 m
2. quinqueseta	Ca	Ac Ae			3b		Sm	1700-3000 m
22. Hypseochloa								
1. cameroonensis	Ni Ca				3b		Sm	
Bromeae								
23. Bromus Linn.								
1. leptocladus	Ca	Ae			3b		Sm	2500-3000 m
Triticeae								
24. Triticum								
1. aestivum	Aw Ni Ca							céréale
Centotheceae								
25. Centotheca								
1. lappacea	Aw Ni Ca	Ga Ac	As			4c 4d	Fh Fm	0-(3500) m
26. Megastachya								
1. mucronata	Aw Ni Ca	Ga Ac	Su			4c -	Fh	0-500 m
Arundineae								
27. Pentaschistis								
1. pictigluma	Ca	Ae			3a		Sm	3000-4069 m
28. Elytrophorus								
1. spicatus	Aw Ni Ca Tc	Ae	As	1a 1b 2a 2b			Zi Sa	
29. Phragmites								
1. australis								
1. ssp. altissimus	Aw Ni Ca	Ae	As					
2. karka	Aw Ni Ca	Ae	As					
Aristideae								
30. Aristida								
1. adscensionis	Aw Ni Ca Tc	Ae		1a 1b 2a 2b			Sa	
2. cumingiana								
1. var. cumingiana	Aw Ni Ca	Ae	As	2a 2b 2c			Sa	

	Distribution Aw Ni Ca Tc Rc Ga Ac Ae Su As Am	Cameroun 1a 1b 2a 2b 2c 3a 3b 4a 4b 4c 4d	Habitat Zi Sa Sm Gf Fh Ru	Alt.
2. var. diminuta	Aw Ca Ae As	2a 2b 2c	Sa	
3. recta	Aw Ni Ca Ae Su	2m 2c 4a	Sa	1200-2000 m
4. hordeacea	Aw Ni Ca Tc Ae	1b 2a 2b	Sa	
5. kerstingii	Aw Ni Ca	1a 1b 2a 2b	Sa	
6. stipoides	Aw Ni Ca Su	1a 1b	Sa	
7. sieberana	Aw Ni Ca	1b 2a 2b	Sa	
8. mutabilis	Aw Ni Ca Ae As	1a 1b 2a	Sa	
Eragrostideae				
31. Habrochloa				
1. bullockii	Ca Rc Ae	2c	Sa	
32. Leptochloa				
1. caerulescens	Aw Ni Ca Ae	1a 2a 2c 4b 4c	Zi	
2. malabarica	Aw Ni Ca Ae	1a	Zi	
33. Dinebra				
1. retroflexa				
1. var. retroflexa	Aw Ni Ca Ae As	1a 1b 2a	Zi	
34. Bewsia				
1. biflora	Aw Ni Ca Ac Ae Su	2b	Sa	
35. Eragrostis				
1. ciliaris	Aw Ni Ca Tc Rc Ga Ac Ae Su As Am	1a 1b 2a 4c	Sa Ru	
2. viscosa	Ni Ca Ac Ae Su As Am	2a	Ru	
3. tenella				
1. var. tenella	Aw Ni Ca Rc Ac Ae Su As Am	2a 2c 4d	Ru	
4. arenicola	Ni Ca Tc Rc Ae Su	1a 1b 2a 2c 4b	Ru	
5. raynaliana	Ca Rc	4b 4d	Sa	
6. namaquensis				
1. var. namaquensis	Aw Ni Ca Tc Rc Ac Ae	1a 2a 2c 4b	Zi	
2. var. diplachnoides	Aw Ni Ca Ae As	1a 1b 2a 2c	Zi	
7. aspera	Aw Ni Ca Ae Su As	1b 2a 2b 4b	Ru	

8. cilianensis	Aw Ni Ca Tc Rc Ae	1a 1b 2a 2b		Ru	
9. pobeguinii	Aw Ca	2c 3b 4a	Sa		
10. curvula	Ca Ae Su				introduite
11. tenuifolia	Ni Ca Rc Ga Ac Ae	2a 2b 2c 4a 4b 4c 4d		Ru	
12. squamata	Aw Ni Ca Ac	2a 4c		Ru	
13. macilenta	Aw Ni Ca Ac Ae	4b	Sa		
14. tremula	Aw Ni Ca Ae	1a 1b 2a 2b 4a 4b		Ru	
15. welwitschii	Aw Ni Ca Ac Ae Su	2b 2c 4a 4b		Ru	
16. turgida	Aw Ni Ca Tc Ac	1b 2a 2b 2c	Sa	Ru	
17. scotelliana	Aw Ni Ca Ac	2c 4b 4d	Sa		
18. palustris	Ca	2b 2c	Zh		
19. cenolepis	Aw Ni Ca Ac	2a 2b 2c 4a	Zi		
20. invalida.	Aw Ni Ca Ga	2c 4b	Sa		
21. mokensis.	Ni Ca	2c 4a	Sm		
22. unioloides	Aw Ca As	4b 4c		Ru	
23. gangetica	Aw Ni Ca Ae As	1a 1b 2a 2b 2c 4c 4d	Zi	Ru	
24. pilosa	Aw Ni Ca Tc Rc Ga Ac Ae As Am	1a 1b 2a 2c 4b 4c		Ru	
25. volkensii	Ni Ca Ac Ae Su	3b	Sm		
26. chalarothyrsos	Aw Ca	2c	Zi		
27. barteri	Aw Ni Ca Ga Ac	4b	Zi		
28. atrovirens	Aw Ni Ca Tc Rc Ae As	1a 1b 2a 2b 2c 4a 4b 4c 4d	Zi		
29. camerunensis	Ni Ca	3b 4a	Sm		
36. Tripogon					
1. minimus	Aw Ni Ca Tc Ae	1a 1b 2a 2b 2c	Sa		
2. major	Aw Ni Ca Ae	2b 2c 3b 4a	Sm		1600-2700 m
37. Dactyloctenium					
1. aegyptium	Aw Ni Ca Ac Ae As Am	1a 1b 2a 2b		Ru	
38. Eleusine					
1. indica	Aw Ni Ca Ga Ae As	1a 1b 2a 2b 2c 4a 4c 4d		Ru	
1. ssp. indica					
2. ssp. africana					
2. coracana	Ni Ca Tc Su As	1b 2a			céréale
39. Pogonarthria					
1. squarrosa	Aw Ni Ca Ae Su	2a	Sa		

ANNEX 1.

	Distribution											Cameroun											Habitat						Alt.
	Aw	Ni	Ca	Tc	Rc	Ga	Ac	Ae	Su	As	Am	1a	1b	2a	2b	2c	3a	3b	4a	4b	4c	4d	Zi	Sa	Sm	Gf	Fh	Ru	
40. Sporobolus																													
1. sanguineus	Aw	Ni	Ca					Ae							2b									Sa					
2. iocladus	Aw		Ca					Ae		As		1a		2a									Zi						
3. subulatus	Aw	Ni	Ca				Ac	Ae							2b	2c			4a					Sa					
4. montanus			Ca														3a	3b							Sm				
5. paniculatus	Aw	Ni	Ca					Ae					1b	2a	2b	2c			4a	4b				Sa					
6. microprotus	Aw	Ni	Ca		Rc			Ae				1a	1b	2a														Ru	
7. piliferus	Aw	Ni	Ca					Ae		As					2b	2c				4b				Sa					
8. robustus	Aw		Ca			Ga															4c			Sa					côte
9. helvolus	Aw	Ni	Ca					Ae		As		1a											Zi						
10. molleri	Aw	Ni	Ca			Ga	Ac	Ae							2b	2c			4a		4c	4d						Ru	
11. indicus																													
1. var. pyramidalis	Aw	Ni	Ca			Ga	Ac	Ae			Am	1a	1b	2a	2b	2c			4a	4b	4c	4d		Sa					
2. var. capensis		Ni	Ca					Ae										3b	4a						Sm				
12. pectinellus	Aw	Ni	Ca				Ac	Ae							2b	2c				4b		4d		Sa					
13. infirmus	Aw	Ni	Ca		Rc		Ac							2a		2c			4a					Sa					
14. tenuissimus	Aw	Ni	Ca			Ga		Ae		As	Am										4c	4d						Ru	
15. festivus	Aw	Ni	Ca		Rc			Ae				1a	1b	2a	2b							4d		Sa					
16. myrianthus		Ni	Ca				Ac	Ae								2c				4b		4d		Sa					
Cynodonteae																													
41. Perotis																													
1. patens	Aw	Ni	Ca					Ae	Su				1b	2a										Sa					
2. indica	Aw	Ni	Ca		Rc		Ac	Ae		As											4c	4d						Ru	
42. Ctenium																													
1. elegans	Aw	Ni	Ca									1a												Sa					
2. newtonii	Aw	Ni	Ca				Ac	Ae					1b	2a	2b	2c			4a	4b		4d		Sa					
3. canescens	Aw	Ni	Ca												2b									Sa					
4. ledermannii		Ni	Ca		Rc											2c			4a						Sm				

43. Chloris								
1. lamproparia	AwNiCaTc	Ae		1a1b2a		Sa		
2. robusta	AwNiCa	AcAe		2a2b2c	4b4c	Zi		
3. pilosa	AwNiCa	AcAe		1a1b2a2b	4c	Sa	Ru	
4. gayana	AwNiCa	Ae						en culture
5. pycnothrix	AwNiCa	GaAcAe	Am	1b 2b2c	4a4b4c4d		Ru	
6. virgata	AwNiCa	Ae		1a		Zi		
7. inflata	AwNiCa		AsAm		4c	Sa		côte
8. prieurii	AwNiCa	Ae		1a1b2a		Sa		
44. Cynodon								
1. dactylon	AwNiCa	GaAcAe	SuAsAm	1a 2a2b	4a4b4c4d		Ru	
45. Schoenefeldia								
1. gracilis	AwNiCa		As	1a1b2a			Ru	
46. Microchloa								
1. indica	AwNiCa	Ae	AsAm	1a1b2a2b		Sa		
2. kunthii	AwNiCa	Ae	AsAm	2a2b2c	4a	Sa		
47. Chrysochloa								
1. hindsii	AwNiCaTc	Ae		1a1b2a		Sa		
Paniceae								
48. Poecilostachys								
1. oplismenoides	NiCa	Ae			3b4a		Fm	1200-2500
49. Pseudechinolaena								
1. polystachya	AwNiCa	GaAcAe	AsAm	2c	4b4c4d		Fh	
50. Oplismenus								
1. burmannii	AwNiCa	RcGaAcAe	AsAm	2b	4c		GfFhRu	
2. hirtellus	AwNiCa	GaAc	SuAsAm	2c	4a 4c4d		GfFhRu	
51. Ichnanthus								
1. pallens	Aw Ca		AsAm		4c4d		Fh	
52. Panicum								
1. brazzavillense	AwNiCa	GaAcAe		2c	4b	Sa		
2. praealtum	AwNiCa			2b2c		Sa		
3. nervatum	AwNiCa	GaAcAe		2a2b2c	4b	Sa		
4. tenellum	AwNiCa	Rc AcAe		2a2b2c		Sa		
5. gracilicaule	AwNiCa	AcAe		2a2b		Sa		
6. ecklonii	AwNiCa	AcAe		2c	3b4a	Sm		

ANNEX 1.

	Distribution Aw Ni Ca Tc Rc Ga Ac Ae Su As Am	Cameroun 1a 1b 2a 2b 2c 3a 3b 4a 4b 4c 4d	Habitat Zi Sa Sm Gf Fh Ru	Alt.
7. hymeniochilum	Aw Ni Ca Ac Ae	2c 3b 4b	Zi	
8. sadinii	Aw Ca Ac Ae	4c	Fh	
9. flacciflorum	Ca Ac Ae	4b	Zi	
10. laxum	Aw Ni Ca Am	4c	Ru	
11. brevifolium	Aw Ni Ca Rc Ga Ac Ae As	2b 2c 4b 4c 4d	Fh	
12. maximum	Aw Ni Ca Tc Rc Ga Ac Ae As Am	1a 1b 2a 2b 2c 4b 4c 4d	Sa Ru	
13. callosum	Aw Ni Ca Tc	1b 2a	Sa	
14. miliaceum	Ca Ae Su As			céréale
15. anabaptistum	Aw Ni Ca Tc	1a 1b 2a	Zi	
16. phragmitoides	Aw Ni Ca Rc Ga Ac Ae	2b 2c 4b	Sa	400-1800 m
17. pilgeri	Aw Ni Ca	2b 4b	Zi	
18. dregeanum	Aw Ni Ca Tc Ga Ac Ae Su	2b	Sa	
19. fluviicola	Aw Ni Ca Tc Ga Ac Ae	1a 1b 2a 2b 2c	Zi	
20. griffonii	Aw Ni Ca Ga Ac Ae	2b 2c 4b 4c	Sa Ru	0-1500 m
21. walense	Aw Ni Ca Ae	1b 2a	Sa	
22. paucinode	Aw Ni Ca Tc	1a 1b 2a 2b 2c	Zi	
23. acrotrichum	Ca Fernando Po	2c 3b 4a	Fm	1300-2500 m
24. mueense	Ni Ca Ac Ae	4b 4c 4d	Fh	
25. parvifolium	Aw Ni Ca Ga Ac Ae Am	2c 4b	Zi	
26. hochstetteri	Aw Ni Ca Ac Ae	2c 3b 4a	Sm Fm	1000-2900 m
27. monticola	Ni Ca Ac Ae	2c 3b	Fm	2000-2600 m
28. calvum	Aw Ca Ac Ae	3b 4a	Fm	1000-2200 m
29. pusillum	Aw Ni Ca Ac Ae	3b	Sm	2000-2300 m
30. pansum	Aw Ni Ca Ac Ae	1a 1b 2a 2b 2c 4a	Sa	
31. laetum	Aw Ni Ca Ae	1a 1b 2a	Zi	
32. haplocaulos	Ca Ae	2c	Zi	
33. repens	Aw Ni Ca Ga Ac Ae As Am	1a 1b 2c 4b 4c 4d	Zi	sables
34. porphyrrhos	Aw Ca Ae	1a 2c	Sa	
35. antidotale	Aw Ni Ca Ac Ae Su	1a 1b 2a 2b 4c	Zi	

36. coloratum									
1. var. coloratum	Ni Ca	Ae		1a 2c		Zi			
37. comorense	Aw Ni Ca	Ae			4c		Fh		
53. Sacciolepis									
1. ciliocincta	Aw Ca Tc	Ac		2c		Zi			
2. africana	Aw Ni Ca Tc	Ae		1a 1b 2a 2b 2c	4b 4c 4d	Zi			
3. micrococca	Aw Ni Ca Tc Rc	Ae		2a 2b 2c		Zi			
4. spiciformis	Ca	Ac Ae		2b 2c		Zh			
5. indica	Aw Ni Ca	Ac Ae	As	2a 2b 2c	4b	Zh			
6. typhura	Ca	Ac Ae		2b 2c		Zh			
7. chevalieri	Aw Ni Ca Rc	Ae		2a 2b 2c	4b	Zh			
54. Ottochloa									
1. arnottiana	Ca	Ga Ac	As		4d		Fh		
55. Entolasia									
1. olivacea	Aw Ca Tc	Ac			4b 4d		Fh		
56. Cyrtococcum									
1. chaetophoron	Aw Ni Ca	Ga Ac Ae			4b 4c 4d		Fh		
57. Acroceras									
1. zizanoides	Aw Ni Ca Rc	Ga Ac	As Am	2a 2b 2c	4b 4c 4d	Zh		Ru	
2. amplectens	Aw Ni Ca Rc	Ac Ae		1a 2a 2b 2c	4b	Zh			
3. gabunense	Aw Ni Ca	Ga Ac			4b 4d		Fh		
58. Microcalamus									
1. barbinodis	Ca	Ga Ac			4c 4d		Fh		
59. Echinochloa									
1. callopus	Aw Ni Ca	Ac Ae		1b 2c		Zh			
2. crus-pavonis	Aw Ni Ca	Ac Su	Am	2c	4b	Zh			-1400 m
3. colona	Aw Ni Ca Tc	Ac Ae	Am	1a 1b 2a 2b	4c 4d	Zh		Ru	
4. obtusiflora	Aw Ni Ca			1a 1b 2a 2c		Zi			
5. rotundiflora	Ni Ca			1b 2a		Zh			
6. pyramidalis	Aw Ni Ca Tc	Ac Ae Su		1a 1b 2a 2b	4c 4d	Zi			
7. stagnina	Aw Ni Ca Tc Rc	Ac Ae	As	1a 1b 2a 2b 2c	4b 4d	Zi			
60. Louisiella									
1. fluitans	Ca Tc Rc	Ac		1b		Zi			
61. Alloteropsis									
1. angusta	Ni Ca	Ae		2c		Zh			

	Distribution Aw Ni Ca Tc Rc Ga Ac Ae Su As Am	Cameroun 1a 1b 2a 2b 2c 3a 3b 4a 4b 4c 4d	Habitat Zi Sa Sm Gf Fh Ru	Alt.
2. semialata	Aw Ni Ca Ac Ae Su As	2b 2c 4b	Sa	
1. ssp. semialata				
3. cimicina	Ni Ca Ae As	1a 1b	Sa	
4. paniculata	Aw Ni Ca Rc Ac Ae	4c	Zh	
62. Brachiaria				
1. stigmatisata	Aw Ni Ca	1b 2a 2c	Sa Ru	
2. jubata	Aw Ni Ca Ac Ae	1b 2a 2b 2c 4b	Zh Sa	
3. ruzuziensis	Ca Ac	2c		introduite
4. plantaginea	Aw Ca Ac	4c	Ru	
5. mutica	Aw Ni Ca Ga Ac Am	1b 2a 2b 4d	Zi	
6. brizantha	Aw Ni Ca Ga Ac Ae	2b 2c 4b	Sa	-1250 m
7. serrata	Aw Ni Ca Ac Ae Su	4c	Sa	
8. serrifolia	Aw Ni Ca Ae	1a 2a	Sa	
9. xantholeuca	Aw Ni Ca Tc Ae	1a 1b 2a	Sa Ru	
10. reptans	Ca Ae As	1a 4c	Ru	introduite
11. villosa	Aw Ni Ca Ga Ac Ae As	1b 2a 2b 2c 4b	Sa Ru	
12. comata	Aw Ni Ca Ga Ac Ae	1b 2a 2b 2c 4b	Sa	
13. deflexa	Aw Ni Ca Ac Ae	1b 2a	Sa	
14. lata	Aw Ni Ca	1a 1b 2a 2b	Sa	
15. ramosa	Aw Ni Ca Ae Su	1a 1b 2a	Zi	
63. Urochloa				
1. trichopus	Aw Ni Ca Ae	1a 1b	Sa	
2. panicoides	Ca Ae Su As	2a	Zh	
64. Eriochloa				
1. fatmensis	Aw Ni Ca Ac Ae Su As	1a 1b 2a	Zh	
65. Paspalum				
1. conjugatum	Aw Ni Ca Ga Ac Ae As Am	2a 4b 4c 4d	Fh Ru	0-1800 m
2. dilatatum	Ca	2c		introduite
3. paniculatum	Aw Ca Ga Ac Am	2c 4b 4c 4d	Fh Ru	0-1200 m

4. vaginatum	Aw Ni Ca	Ga Ac Ae As Am		4c	Sa			plages
5. notatum	Ca	Ae Am	2c	4b				
6. lamprocaryon	Aw Ca	Ae	2b 2c	4b		Gf		introduite
7. scrobiculatum	Aw Ni Ca	Ga Ac Ae As	1a 1b 2a 2b 2c	4b 4c 4d	Zh Sa	Gf		0-1200 m
66. Axonopus								
1. compressus	Aw Ni Ca	Ac Ae Am	2a	4c 4d			Ru	introduite
2. flexuosus	Aw Ni Ca	Ga Ac Ae	2c	4d	Zh			
67. Setaria								
1. longiseta	Aw Ni Ca	Ac Ae	2c	4a 4b 4d	Sa		Ru	-2000 m
2. barbata	Aw Ni Ca	Ac Ae	1a 1b 2a 2b 2c	4b 4c			Ru	0-1400 m
3. homonyma	Ca	Ga Ac Ae As	2c	4c			Ru	
4. megaphylla	Aw Ni Ca	Ga Ac Ae Su Am	2c	4b 4c 4d		Gh	Ru	0-1850 m
5. poiretiana	Ni Ca	Ac Ae		4a 4b		Fm		1000-1800 m
6. verticillata	Aw Ni Ca Tc	Ae	1a 1b 2a		Sa		Ru	
7. pumila	Aw Ni Ca Tc	Ae Su As	1a 1b 2a 2b 2c		Zh Sa		Ru	
8. sphacellata	Aw Ni Ca	Ac Ae Su As	1a 1b 2a 2b 2c	4b 4c	Zi			0-1300 m
1. var. sphacellata								
2. var. sericea								
3. var. aurea								
9. incrassata	Ni Ca	Ae	1a 2a		Zi			
68. Paspalidium								
1. geminatum	Aw Ni Ca Tc	Ac Ae	1a 1b		Zi			
69. Stenotaphrum								
1. secundatum	Aw Ni Ca	Ga Am		4c	Sa			plages
70. Melinis								
1. repens								
1. ssp. repens	Aw Ni Ca	Ae Su	1a 1b 2a 2b 2c	4b	Sa		Ru	0-1800 m
2. longiseta								
1. ssp. bellespicatum	Ni Ca		1b		Sa			1050 m
3. minutiflora	Aw Ni Ca	Ac Ae	2b 2c	4a 4b	Sm			1000-2150 m
4. macrochaeta	Aw Ni Ca	Ac Ae	2b 2c	4b	Sm			800-1950 m
5. tenuissima	Aw Ni Ca	Ac Ae	2b 2c	4b	Sm			800-1800 m
6. effusa	Aw Ni Ca	Ac Ae	2c	4b	Sm			900-1000 m

	Distribution Aw Ni Ca Tc Rc Ga Ac Ae Su As Am	Cameroun 1a 1b 2a 2b 2c 3a 3b 4a 4b 4c 4d	Habitat Zi Sa Sm Gf Fh Ru	Alt.
71. Acritochaete				
1. volkensii	Ni Ca Ac Ae	3b	Fm	2000-2500 m
72. Digitaria				
1. pseudodiagonalis	Aw Ca Ac Ae	2b 2c 4a	Sm	1200-2000 m
2. diagonalis				
1. var. hirsuta	Aw Ni Ca Soudan	2a 2b 2c 4b	Sa	400-2000 m
3. delicatula	Aw Ni Ca	1b 2a 2b 4b	Ru	
4. argillacea	Aw Ni Ca	1b 2a	Sa Ru	
5. compressa	Ni Ca Ac	2c	Sa	
6. atrofusca	Aw Ni Ca Ac Ae	2c 4b	Zi	
7. thouaresiana	Ca Ac Ae Su	4c	Zh	
8. iburua	Aw Ni Ca	2c		céréale
9. ternata	Aw Ni Ca Ac Ae Su As	1b 2b 2c 4b	Sa	400-2000 m
10. longiflora	Aw Ni Ca Ga Ac Ae As Am	1b 2a 2b 2c 4b 4c	Sa Ru	
11. fuscescens	Aw Ni Ca Ae As	4b 4c 4d	Ru	
12. exilis	Aw Ni Ca	4c		céréale
13. gayana	Aw Ni Ca Ac Ae	1b 2a	Ru	
14. debilis	Aw Ni Ca Ac Ae	1a 2a 2b 2c 4b	Zh	300-1700 m
15. abyssinica	Ni Ca Ga Ac Ae Su	2b 2c 4a 4b 4c	Ru	750-2500 m
16. pearsonii	Ca Ae	2c	Ru	1100 m
17. acuminatissima	Aw Ni Ca Ac Ae	1a 1b 2a 4c	Zi	
18. radicosa	Ca Ae As	4c	Ru	introduite?
19. nuda	Ni Ca Ae Su As Am	1a 1b 2a 2b 4b	Ru	
20. horizontalis	Aw Ni Ca	1a 1b 2a 2b 2c 4b 4c 4d	Ru	0-1500 m
21. ciliaris	Ni Ca Ae	1a 1b 2a 4c	Ru	
22. adamaouensis	Ca	2c 4b	Zi	1100-1200 m
23. barbinodis	Aw Ni Ca	4c	Ru	
24. leptorachis	Aw Ni Ca Ac	2a 2c	Zi	

73. Pennisetum								
1. clandestinum	Ni Ca	Ac Ae	2c	4b	Sa			introduite
2. ramosum	Ni Ca	Ae	1a 1b2a		Zi			
3.pedicellatum								
1. ssp. pedicellatum	Aw Ni Ca	Ethiopie	1a 1b2a		Sa			
2. ssp. unispiculum	Aw Ni Ca	Ae As	1a 1b2a		Sa			
4. polystachion								
1. ssp. polystachion	Aw Ni Ca	Ac Ae As	1b2a 2b2c	4b4c 4d	Sa			0-1500 m
2. ssp. atrichum	Aw Ni Ca	Ac Ae	2a	4b	Sa			
5. hordeoides	Aw Ni Ca	Ga Ac	2c	4b4c 4d			Ru	900-1400 m
6. unisetum	Aw Ni Ca	Rc Ga Ac Ae Su As	1b2a 2b2c	4a 4b		Gf		300-2200 m
7. laxior	Aw Ni Ca			4c		Gh		
8. trachyphyllum	Ca	Ac Ae		4a 4b	Sm			900-2000 m
9. purpureum	Aw Ni Ca	Ga Ac Ae As Am	1a 1b2a 2b2c	4a 4b 4d	Zi Sa		Ru	300-2200 m
10. felicianum	Ca		2a 2c		Sm			1200-2400 m
11. monostigma	Aw Ni Ca		2a 2b2c	3b4a 4b	Sm			1200-3500 m
12. macrourum	Ni Ca	Ga Ac Ae Su	2a 2b2c	4b	Zh			300-2000 m
13. glaucum	Aw Ni Ca Tc Rc		1a 1b2a					céréale
1. ssp. glaucum								
2. ssp. sieberianum								
3. ssp. violaceum								
74. Cenchrus								
1. biflorus	Aw Ni Ca	Ae	1a 1b2a		Sa		Ru	
2. ciliaris	Aw Ni Ca	Ae	2b	4a	Sa			introduite
75. Anthephora								
1. cristata	Aw Ni Ca	Ga Ac		4c			Ru	
Isachneae								
76. Coelachne								
1. africana	Ca	Ae	2c	4a 4b	Zh			
77. Isachne								
1. buettneri	Aw Ni Ca	Ga Ac Ae		4c 4d		Fh		
2. mauritiana	Ni Ca	Ac		4c		Fm		1200-1800 m
3. angolensis	Ni Ca	Angola	2b2c	4b	Zh			
4. kiyalaensis	Aw Ni Ca	Ac		4c 4d	Zh			

	Distribution Aw Ni Ca Tc Rc Ga Ac Ae Su As Am	Cameroun 1a 1b 2a 2b 2c 3a 3b 4a 4b 4c 4d	Habitat Zi Sa Sm Gf Fh Ru	Alt.
78. Heteranthoecia				
1. guineensis	Aw Ni Ca Ga Ac Ae	2c 4b	Zh	
Arundinelleae				
79. Arundinella				
1. nepalensis	Aw Ca Ae Su As Au	2b 2c	Zh	600-1300 m
2. pumila	Aw Ni Ca NE Afrique	2c 4b	Sa	-1800 m
80. Tristachya				
1. thollonii	Ni Ca Ga Ac Ae	2b 4b	Zh	
2. superba	Aw Ni Ca Ae Su	2b	Sa	
81. Trichopteryx				
1. elegantula	Aw Ni Ca Ac Ae	2c 4a 4b	Sm	1500-2800 m
2. marungensis	Ni Ca Ac Ae	4a	Zh	1800-2000 m
82. Loudetia				
1. togoensis	Aw Ni Ca Soudan	1b 2a 2b	Sa Ru	
2. annua	Aw Ni Ca Soudan	2a 2b 2c 4b	Sa	
3. hordeiformis	Aw Ni Ca Soudan	1b 2a	Sa Ru	
4. furtiva	Ca Rc	2c 4b	Sa	
5. phragmitoides	Aw Ni Ca Ga Ae	2a 2c 4b	Zh	
6. coarctata	Ni Ca Soudan	2c	Sa	
7. flavida	Aw Ni Ca Ae Su	2a 2b	Sa	
8. arundinacea	Aw Ni Ca Ac Ae	2a 2b 2c 4b	Sa	500-1800 m
9. simplex	Aw Ni Ca Ga Ac Ae Su	1b 2a 2b 2c 3b 4a 4b 4d	Zi Sa	300-2500 m
10. kagerensis	Aw Ni Ca Ae	2c 4a	Sa	1000-2400 m
83. Loudetiopsis				
1. kerstingii	Aw Ni Ca	2b	Zh	
2. glabrata	Aw Ni Ca	4b 4c 4d	Sa	
3. ambiens	Aw Ni Ca Angola	4b	Zi	
4. trigemina	Ni Ca	2b 4a	Sm	1500-2500 m

Andropogoneae									
84. Imperata									
1. cylindrica	Aw Ni Ca Tc		Ga Ac As Au	1b 2a 2b 2c	4b 4c	Zi		Ru	-1400 m
85. Eriochrysis									
1. pallida	Aw Ni Ca		Ae Su	2b		Zh			
2. brachypogon	Aw Ni Ca	Rc	Ae Su	2a 2c	4b	Zh			300-1800 m
86. Saccharum									
1. spontaneum									
1. ssp. aegyptiacum	Aw Ni Ca		Ae As	1a 1b 2a 2b 2c		Zi			
2. officinarum	Aw Ni Ca		Ac Ae As	2a 2c	4b 4c 4d				cultivée
87. Polytrias									
1. amaura	Ca		As		4c				introduite
88. Microstegium									
1. vimineum	Ca		Ac As		4c		Sm		1500 m
89. Trachypogon									
1. chevalieri	Ni Ca	Rc	Ac Ae	2c	4b		Sa		1200-2000 m
2. spicatus	Aw Ni Ca		Ac Ae Su Am	2b 2c		Zh			
90. Sorghum									
1. purpureo-sericeum.	Ni Ca		Ae	1b 2a		Zi			
2. arundinaceum	Aw Ni Ca Tc		Ga Ac Ae Su As Am	1a 1b 2a 2b	4b 4c 4d	Zi			-800 m
3. bicolor	Aw Ni Ca Tc		Ae Am	1a 1b 2a 2b 2c	4b				céréale
91. Sorghastrum									
1. bipennatum	Aw Ni Ca		Ga Ac Ae	2a 2b 2c	4b		Sa		300-1500 m
2. stipoides	Aw Ni Ca		Ae Am	1a		Zi			
92. Vetiveria									
1. zizanoides	Aw Ni Ca		Ga As						introduite
2. nigritana	Aw Ni Ca Tc		Ac Ae As	1a 1b 2a 2b		Zi			
3. fulvibarbis	Aw Ca			2a	4b	Zi			
93. Chrysopogon									
1. aciculatus	Aw Ni Ca		Ga Ac As		4c 4d				introduite
94. Bothriochloa									
1. bladhii	Aw Ni Ca		Ac Ae As Au	1b		Zi			
95. Euclasta									
1. condylotricha	Aw Ni Ca		Ga Ac Ae As Am	1b 2a 2b	4b		Sa		

	Distribution Aw Ni Ca Tc Rc Ga Ac Ae Su As Am	Cameroun 1a 1b 2a 2b 2c 3a 3b 4a 4b 4c 4d	Habitat Zi Sa Sm Gf Fh Ru	Alt.
96. Ischaemum				
1. afrum	Ni Ca Ae Su	1a 1b 2a	Zi	
2. amethystinum	Aw Ni Ca Ae	2a 2b 2c	Zh Sa	
3. indicum	Aw Ni Ca As	4c	Ru	introduite
4. timorense	Ca As	4c	Ru	introduite
97. Thelepogon				
1. elegans	Aw Ni Ca Ae As	1b 2a 2b 4b	Ru	
98. Sehima				
1. ischaemoides	Aw Ni Ca Ae As	2a	Sa	
99. Andropogon				
1. lacunosus	Ca Ae Su	4b	Zh	1500 m
2. pusillus	Ni Ca	2c 3b	Sm	2000-2400 m
3. distachyos	Ca Ae Su As	3b	Sm	2500-2700 m
4. mannii	Aw Ca Ae	3a	Sm	2700-4000 m
5. amethystinus	Ni Ca Ae Su As	3a 3b	Sm	2100-3500 m
6. lima	Ca Ae	3b	Sm	2500-2850 m
7. laxatus	Ca Ae Su	2c	Zh	1050-1100 m
8. africanus	Aw Ni Ca Rc Ga Ac Ae	2b 2c 4b	Zh	
9. tenuiberbis	Aw Ni Ca Ac Ae	2c 4b	Zh	
10. fastigiatus	Aw Ni Ca Ae As Am	1b 2a 2b 2c 4b	Sa	
11. pseudapricus	Aw Ni Ca Tc Ae Am	1b 2a 2b	Sa	
12. chinensis	Aw Ni Ca Ga Ac Ae Su As	1b 2a 2b 2c	Sa	
13. schirensis	Aw Ni Ca Ac Ae Su	2a 2b 2c 3b 4a 4b	Sa	300-2400 m
14. canaliculatus	Aw Ni Ca Rc Ac Ae	2a 2b 2c	Zh	
15. tectorum	Aw Ni Ca Rc	2c 4b	Sa	600-1400 m
16. macrophyllus	Aw Ni Ca	4b 4d	Fh	-1400 m
17. auriculatus	Aw Ni Ca	4c	Ru	
18. pinguipes	Aw Ni Ca	1b 2a 2b	Sa	
19. gabonensis	Ca Ga	4b	Sa	900-1800 m

20. gayanus							
1. var. gayanus	Aw Ni Ca	Soudan	1a 2a 2b		Zh		-300 m
2. var. tridentatus	Aw Ni Ca	Soudan	1a 1b 2b 2c		Sa		-1200 m
3. var. polycladus	Aw Ni Ca Tc	Ac Ae Su	1a 1b 2a 2b 2c	4a	Sa		-1800 m
4. var. bisquamulatus	Aw Ni Ca Rc	Soudan	2a 2b 2c	4a	Sa		-1300 m
100. Cymbopogon							
1. citratus	Aw Ca	Ga Ac As	2a 2b	4b			introduite
2. giganteus	Aw Ni Ca	Ac Ae	1a 1b 2a 2b		Sa		
3. densiflorus	Ca	Ga Ac Ae	2c			Ru	
101. Schizachyrium							
1. platyphyllum	Aw Ni Ca	Ga Ac Ae	2c	4b	Sa		
2. brevifolium	Aw Ni Ca Tc	Ga Ac Ae	1b 2a 2b 2c	4b 4d	Sa		
3. maclaudii	Aw Ni Ca	Am		4c 4d		Ru	
4. delicatum	Aw Ni Ca Rc		2c		Sa		
5. urceolatum	Aw Ni Ca	Ethiopie	2a 2b		Sa		
6. nodulosum	Aw Ni Ca Rc		2a 2b		Sa		
7. sanguineum	Aw Ni Ca	Ac Ae Su As Am	1b 2a 2b 2c	4b	Sa		
8. exile	Aw Ni Ca Tc Rc	Malawi	1b 2a 2b		Sa		
9. pulchellum	Aw Ni Ca	Ac		4c		Gh	
10. schweinfurthii	Aw Ni Ca	Soudan	2a 2b		Zh		
102. Arthraxon							
1. hispidus	Aw Ni Ca	Ac Ae As Am	2a 2b 2c	3b 4b	Sa		400-2500 m
1. var. hispidus							
2. lancifolius	Aw Ni Ca	Ae As	1b 2a 2b 2c		Sa		
103. Diheteropogon							
1. grandiflorus	Ni Ca	Ae	1b		Sa		
2. hagerupii	Aw Ni Ca		2b		Sa		
3. amplectens							
1. var. catangensis	Aw Ni Ca	Ac Ae Su	1b 2a 2b		Sa		
104. Hyparrhenia							
1. glabriuscula	Aw Ni Ca	Ae	2a 2b		Zi		
2. smithiana							
1. var. smithiana	Aw Ca			3b 4a 4b	Sm		1500-3000 m
2. var. major	Aw Ni Ca	Ac	2b 2c	4b	Sa		400-2000 m
3. nyassae	Ca Rc	Ac Ae Su As	2c	4b	Sa		

ANNEX 1.

	Distribution Aw Ni Ca Tc Rc Ga Ac Ae Su As Am	Cameroun 1a 1b 2a 2b 2c 3a 3b 4a 4b 4c 4d	Habitat Zi Sa Sm Gf Fh Ru	Alt.
4. exarmata	Aw Ca Tc Rc Ac Ae	1b 2a 2b 4b	Zh	
5. poecilotricha	Aw Ca Ae Su	2c 4b	Sa	
6. rufa	Aw Ni Ca Tc Rc Ac Ae Su Am	1b 2a 2b 2c 4a 4b	Zh Sa	200-2335 m
7. violascens	Ni Ca Tc	1b 2a 2b	Sa Ru	
8. bagirmica	Ni Ca Tc Rc	1b 2a 2b	Sa	
9. barteri	+ Ni Ca Rc Ac Ae	2a 2b	Sa Ru	
10. figariana	Ni Ca Ac Ae	1b 2a	Ru	
11. hirta	Ni Ca Ac Ae Su	2b 2c 4b	Sa	
12. wombaliensis	Ca Ac	4c	Fh	
13. familiaris	Aw Ni Ca Rc Ga Ac Ae	2c 4b	Sa	
14. filipendula	Aw Ni Ca Rc Ga Ac Ae Su As	1b 2a 2b 2c 4b	Sa	
15. cymbaria	Ni Ca Ac Ae	2b 2c 4a 4b	Sa	1100-2000 m
16. cyanescens	Aw Ni Ca Ga Ac	2a 2b 4b	Sa	
17. umbrosa	Ni Ca Ac	4a	Sm	1400-2000 m
18. rudis	Aw Ni Ca Ac Ae Su	2a 2b 2c 4b	Sa	
19. niariensis	Ca Rc Ac Ae	2b 2c 4a 4b	Sa	
20. welwitschii	Aw Ni Ca Rc Ac Ae	1b 2a 2b 2c 4b	Sa	
21. bracteata	Aw Ni Ca Rc Ac Ae Am	2a 2b 2c 4b	Zh	300-1500 m
22. newtonii				
1. var. newtonii	Aw Ni Ca Rc Ac Ae Su As	2c 4b	Sa	
23. involucrata				
1. var. involucrata	Aw Ni Ca Rc	1b 2a 2b 2c	Sa	
2. var. breviseta	Aw Ca Tc Rc	2c	Zh	
24. mutica	Aw Ni Ca Rc Ac Ae	2a 4b	Zh	300-1900 m
25. subplumosa	Aw Ni Ca Ga Ac Ae	2a 2b 2c 4a 4b	Sa	
26. diplandra	Aw Ni Ca Rc Ga Ac Ae As	2a 2b 2c 4a 4b 4c 4d	Sa	300-2200 m
105. Hyperthelia				
1. dissoluta	Aw Ni Ca Ga Ac Ae Am	1a 1b 2a 2b 2c	Sa	

106. Parahyparrhenia											
1. annua	AwNiCa	Rc	Soudan		1b	2b2c			Zh		
107. Elymandra											
1. androphila	AwNiCa	Rc	Angola			2b	4b		Sa		1700-2000 m
108. Anadelphia											
1. afzeliana	AwNiCa		GaAc			2a2b			Sa		
109. Monocymbium											
1. ceresiiforme	AwNiCa		AcAeSu			2b2c	4b		Sa		1000-1500 m
110. Heteropogon											
1. melanocarpus	AwNiCa		AcAe	Am		2a2b				Gf	
2. contortus	AwNiCa		AcAe	AsAm	1b	2a2b			Sa		
111. Themeda											
1. triandra	AwNiCa		AcAeSu	AsAu		2b	4b		Sa		1200 m
112. Urelytrum											
1. agropyroides	NiCa		AcAeSu			2b2c	4a		Sm		1500-2500 m
2. digitatum	NiCa	Rc	AcAe			2c	4b		Sa		1200-1600 m
3. giganteum	NiCa	Rc	AcAe				4b		Zh		
113. Loxodera											
1. ledermannii	AwNiCa	Ouganda				2a2b			Sa		
114. Elionurus											
1. hirtifolius	AwNiCa	Rc				2a2b2c			Sa	Gf	
2. ciliaris	AwNiCa					2b			Sa		
3. muticus	AwNiCa		GaAcAeSu			2c	4b		Sa		1200-2000 m
115. Phacelurus											
1. congoensis	AwNiCaTc		Ac		1a	2a2b2c	4b	4d	Zi		
116. Vossia											
1. cuspidata	AwNiCaTc		GaAcAe	As	1a1b	2a 2c			Zi		
117. Hemarthria											
1. altissima	AwNiCa		AeSuAs			2a			Zi		
118. Rhytachne											
1. rottboellioides	AwNiCa		GaAcAeSu	Am		2a2b2c	4a4b	4d	Zh		200-2270 m
2. triaristata	AwNiCa	Zambie			1b	2a2b			Sa		250-1235 m
3. gracilis	Aw Ca						4a		Sa		2350 m
119. Mnesithea											
1. afraurita	AwNiCa		Ae			2a2b2c	4b		Zh		200-1200 m

	Distribution Aw Ni Ca Tc Rc Ga Ac Ae Su As Am	Cameroun 1a 1b 2a 2b 2c 3a 3b 4a 4b 4c 4d	Habitat Zi Sa Sm Gf Fh Ru	Alt.
2. granularis	Aw Ni Ca Ga Ac Ae As Am Au	1b 2a 2b 4b	Sa Ru	
120. Chasmopodium				
1. caudatum	Aw Ni Ca Ac	1b 2a 2b 2c 4b	Zh Sa	200-1200 m
121. Rottboellia				
1. cochinchinensis	Aw Ni Ca Tc Ga Ac Ae As	1a 1b 2a 2b 2c 4b 4d	Ru	
2. purpurascens	Aw Ca Ac	4d	Zh	
122. Oxyrhachys				
1. gracillima	Aw Ca Ae	2c 4b	Zh	
123. Tripsacum				
1. andersonii	Ca Am	4a		introduite
124. Zea				
1. mays	Aw Ni Ca Rc Ga Ac Ae Su As Am Au	2a 2b 2c 4b 4c 4d		céréale
125. Coix				
1. lacryma-jobi	Aw Ni Ca Ac Ae As	4b 4c 4d	Ru	